透过日常行为读懂孩子内心

图解
儿童微动作
心理学

（日）渡边弥生 著

黄少安 译

化学工业出版社
·北京·

E DE MITE WAKARU "SHIGUSA" DE KODOMO NO KOKORO GA
WAKARU HON
Copyright © 2019 by Yayoi WATANABE
Illustrations by Yumiko TAKAOKA
All rights reserved.
First published in Japan in 2019 by PHP Institute, Inc.
Simplified Chinese translation rights arranged with PHP Institute, Inc.
through Beijing Kareka Consultation Center, Beijing

北京市版权局著作权合同登记号：01-2020-1064

**图书在版编目(CIP)数据**

透过日常行为　读懂孩子内心：图解儿童微动作心理学 /
（日）渡边弥生著；黄少安译.—北京：化学工业出版社，
2020.5（2024.10 重印）
　ISBN 978-7-122-36254-4

　I. ①透⋯　II. ①渡⋯②黄⋯　III. ① 儿童心理学-动作
心理学-通俗读物　IV.① B84-069②B844.1-49

　中国版本图书馆CIP数据核字（2020）第030629号

- - - - - - - - - - - - - - - - - - - - - - - - - - - - - - - - - - - -

责任编辑：龙　婧　王丽丽　龚风光　　　装帧设计：尹琳琳
责任校对：王　静

- - - - - - - - - - - - - - - - - - - - - - - - - - - - - - - - - - - -

出版发行：化学工业出版社
　　　　　（北京市东城区青年湖南街13号　邮政编码100011）
印　　装：北京新华印刷有限公司
880mm×1230mm　1/32　印张6½　字数93千字
2024 年10月北京第 1 版第 13 次印刷

- - - - - - - - - - - - - - - - - - - - - - - - - - - - - - - - - - - -

购书咨询：010-64518888
售后服务：010-64518899
网　　址：http://www.cip.com.cn
凡购买本书，如有缺损质量问题，本社销售中心负责调换。

- - - - - - - - - - - - - - - - - - - - - - - - - - - - - - - - - - - -

定　　价：49.80元　　　　　　版权所有　违者必究

# 谢谢你们，让我不后悔成为现在的自己

　　人生第一次为父母花钱，大概是我从北大毕业的时候。我用攒下来的奖学金和做家教挣的钱给爸妈买了从老家来北京的往返机票，定了北京的酒店，让他们来参加我的毕业典礼。向来省吃俭用舍不得花钱的他们那次没有拒绝。

　　毕业典礼结束，我走出邱德拔体育馆，在人山人海中看到妈妈捧着一束花朝我走过来，可能也是第一次给我送花妈妈显得有些别扭，她说："不知道毕业典礼要送花所以没准备，看见别人爸妈都拿着花，我在学校里转了好多圈才看到一个摆地摊卖花的。"我问："多少钱？"我妈又说："没多少钱。"

　　每每想到当时的情景，我鼻子总是酸酸的。虽然我总跟父母炫耀，你们看，我多听话多努力多勤奋，从小学到保送北大从没让你们操过心。但我心里其实明白，我之所以是现在的我，不仅仅是因为我努力，或者说，我会努力这件事，本身就是小时候爸妈和家人教育养成的我的性格所造成的。

现在回想起来，我的爸爸、妈妈、爷爷、奶奶可以说是分工合作、各司其职，从不同的侧面影响了我。

我奶奶读书不多，大字都不识几个，却是街坊邻居里出了名的好人缘，后来我知道了为什么奶奶这么好人缘。上小学的时候，奶奶常跟我说的话有"儿时偷针长大偷金，你可一点小偷小摸的事情都做不得呀""对同学要同等对待，不要对这个好对那个不好""不要总吃别人的用别人的，欠了别人什么要记得还人情"……哪怕过去二十年，这些话依然仿佛在耳边。虽然夸自己人缘好有些王婆卖瓜的意思，但我想一定是奶奶这些话让长大后的我有了很多朋友，从不孤单。

爷爷是一名文科教师，小时候家里就有一块儿小黑板，定期写着一些比较容易弄混淆的汉字，一直到高中，语文都是我擅长的科目，直到现在我做了一名译者；爸爸呢，自己很节省，却特别舍得花钱给我报各种我感兴趣的特长班，书法、素描、水粉画、小号、吉他我都学过，虽然没有把它们学成专业，但书法让我学会精力集中，美术让我学会追求美好，音乐让我学会情绪宣泄，这些都间接影响着我之后生活的方方面面；我的妈妈呢，工作很辛苦，小时候常常都是下午吃过晚饭去上班，第二天早上才回来。小时候，我喜欢上学前打开冰箱看看，因为我知道妈妈早上下班可能会买一些好吃的酱板牛肉带回来。到现在我都认为我妈妈是这个家里最辛苦的人，她为这个家付出了太多太多，她教会了我感恩，以及爱与被爱。

我讲这些，是想说没有一个好小孩或坏小孩是与生俱来的。儿时父母和家人的言传身教塑造了我们的性格，我们的性格引领着我们开始人生的旅程。

我很感激我的父母和家人，一直以来他们给予我的是理解和支持，让我成为一个敢想敢做、有梦敢追的人。我在翻译这本书的时候，会在看到某处时感慨，对呀，小时候的我就是这样想的呀，爸妈的做法原来就是教科书式的典范；又会在看到某处时想，如果我爸妈早点知道这个道理，我小时候受到的委屈是不是会更少呀。

我已经长大成人，很幸运我没有成为一个坏人，但我深知成长的路上，曾有无数次选择可以使我变坏，父母的存在就是我们的引航员，不让我们偏离成为好人的航线。有时父母的一个理所当然的、小小的反应也会让我们幼小的心灵受到伤害，这个伤害可能会愈合，也可能伴随我们的一生让我们变得自卑、消极，或者不那么勇敢。

这本书能教会你看懂自己孩子细微的言行举止，看懂这些言行举止背后隐藏着的是孩子怎样的心思。小孩很单纯，不复杂，但不要以成年人的眼光去看待他们。所谓知己知彼，百战不殆，虽然和孩子之间不是一场战役，但只有知道孩子的内心，才能够在陪伴孩子成长的路上顺风顺水，孩子的内心也只会为懂他们的父母而敞开。

愿我们都会成为一个懂孩子的父亲（母亲），愿我们的孩子长大以后回忆起自己的成长过程，都会拍拍胸脯说："我有一双好父母，我很幸运，我长成现在的自己不后悔。"

黄少安

# 养育孩子让你快乐吗？
## ——谈"为人父母"这件事

拿到这本书的你，或许对养育孩子有些许的担心和不安，又或许是我多虑了，你其实只是觉得养育孩子是一件很有趣的事情，想要了解更多关于育儿的知识。

无论你是哪一种，为了能让你在本书中有所收获，我就孩子的心理发育问题进行了全面的解说，并且在一些专业性很强的内容上，我们加入了插画以便你更好地理解。我有一个远大的目标，那就是让每一位读完这本书的人，能够感受到育儿的快乐，能够在日复一日的生活里感叹道："成为一名母亲（父亲），真好。"

无论从社会学还是生物学上来说，从你有了孩子的那一刻起，你就成了一名父亲或母亲。但当你突然得知有了孩子时，或许你的心里不只有开心。

我真的能把孩子养育好吗？关于小孩儿我明明还什么都

不知道，我真的能行吗？家庭和工作我能做到两不误吗？……一时间巨大的不安涌上心头。

现代社会，文化与价值观的变化日新月异，向身边人学习育儿经验的机会也相当有限。而孩子的爷爷奶奶等长辈的育儿方法，或许并不适合当今这个人们思考方式与生活习惯都发生着翻天覆地的变化的社会，他们的方法能成为好的范本吗？我们也不禁感到怀疑。

但是，请不要担心。最初，谁都是第一次当父母。在错误中不断摸索前行也是理所当然。无论学习多少知识，都是在亲身经历中实际掌握起来的。让我们告诉自己，总归是有办法的，一定没问题。但为了"成为好的父母"，让我们把关于孩子成长的必要知识和要领放进心里吧。

第一次登山时，完全不提前了解山的情况就行动是一件很莽撞的事情。提前掌握一些关于孩子成长和如何与孩子沟通的知识，这种叫作"育儿"的登山初体验便会有很大的不同。为了能在育儿这条登山道路上游刃有余地欣赏路边的风景，让我们怀着期待的心情，一边在脑海中描绘出快乐育儿的画面，一边体验成为父母的旅程吧！

目录

第一部分 从"关键词"中了解孩子的内心

### 婴幼儿期（0 ~ 3 岁）　　002

01 怎么啦？没事的哟！　　002

02 因依恋而认生　　004

03 每个孩子有不同的性情特点　　006

04 培养会话与交流的能力　　008

### 幼儿期（3 ~ 6 岁）　　010

05 挑战外面的世界　　010

06 想象力的丰富　　012

07 明白自己与他人的不同　　014

08 体会喜怒哀乐　　016

### 儿童期前半期（6 ~ 10 岁）　　018

09 他人也有各式各样的想法　　018

10 积极努力的时期和消极怠慢的时期　　020

## 儿童期后半期至青春期（10～13岁）　022

11 虽然高兴但有些不忍心，
　虽然很期待却有些不安　022

12 明白自己"还有什么不懂"　024

13 重要的人从父母变为朋友　026

14 心理成长追赶不上身体的变化　028

15 想更亲密，也渴望独处　030

16 构筑良好的人际关系　032

17 我是谁?　034

第二部分 从孩子的 "表现"中了解 孩子的内心

## 婴幼儿期（0～3岁）　038

01 认生现象严重，无法离开父母　038

02 只知道吮吸手指　042

03 夜间剧烈哭泣　046

04 拿到什么都往嘴里放　050

05 不亲近爸爸 054

06 总是说"不要" 058

07 总做一些危险的事 062

08 抱着布偶不肯撒手 066

09 连简单的指示也听不进 070

10 自己的东西不借给别人或抢别人的东西 074

## 幼儿期（3～6岁） 078

11 频繁眨眼和口吃 078

12 明明做不到还要逞强 082

13 打滚、哭闹、爱发脾气 086

14 无法和小伙伴们很好地相处 090

15 很少说话而且很固执 094

16 不懂小伙伴的想法和心情 098

17 总是独自一个人玩耍 102

18 明明在家里很爱说话，在幼儿园却一言不发 106

19 不听话 110

## 儿童期前半期（6～10岁） 114

20 闹别扭或情绪低落 114

21 只在客厅学习 118

22 嚷着"不公平",兄弟姐妹间总吵架　　122

23 对自己喜欢的小朋友温柔，

　　却欺负其他小朋友　　126

24 总是犯同样的错误　　130

25 不开口说话　　134

26 没有干劲，变得懒散　　138

27 明明是该开心的时候却心神不宁　　142

28 一到上学的时候就肚子痛　　146

29 不想主动说话　　150

**儿童期后半期至青春期（10 ～ 13 岁）**　　154

30 尽管有朋友，却为朋友的事烦恼　　154

31 总是心态消极　　158

32 脸上长了痘痘，心情郁闷　　162

33 不将感情表露出来　　166

34 沉迷手机和游戏机　　170

35 越来越不顾自己的形象　　174

36 变得不怎么吃饭　　178

37 总说"我被讨厌了"　　182

38 绝不穿父母特意买的衣服　　186

**后记**　　190

发展心理学（Developmental Psychology），是指研究个体从受精卵开始到出生再到死亡的全部生命历程中心理的产生和发展的科学。本书选取孩子从出生到青春期约 13 年间为研究对象，通过"关键词"的形式为各位父母说明他们有必要知道的孩子成长的特征。这段时期，对于孩子成人以后的人生来说是极为重要的阶段。

　　为了充分发挥孩子与生俱来的个性和才能，同时预防今后可能会发生的问题与危机，让我们提前做好免疫工作吧。伶俐或温柔、倔强或顽皮、热爱学习、与人交往的能力等，都是在这一时期培养起来的。

　　同时，这一时期也是爸爸妈妈们能够体会到为人父为人母的意义与成就的最佳时期。

　　一次性往脑子里塞太多东西，难免让人觉得沉重，那就先来记住第一部分的 17 个关键词吧。一定会让你不由得感叹"原来如此""原来是这样啊""人类真的太伟大了"。

# 从"关键词"中了解孩子的内心

# 01 怎么啦？没事的哟！

通过"怎么啦？""肚子饿了吧？"等语言表达对孩子的关心，这种**回应性关联**能够建立起孩子对父母的依恋关系。

"肚子饿了吧？"

"怎么啦？"

刚出生的婴儿不会说话，只会哭泣。但其实，孩子与父母的交流已经通过"哭泣"开始了。

孩子哭泣时，父母不要想着"反正孩子什么都听不懂"而放任不管，试着把哭声当作是孩子的"语言"，并回应孩子"怎么啦？""肚子饿了吧？"以此展开对话。

怀着爱意去回应孩子的需求，这种"回应性关联"会构筑起孩子与父母间的依恋关系。

**关键词**

回应性关联

## 02 因为依恋而认生

认生是孩子**依恋**父母的表现，这种依恋会成为孩子人际关系的基石。

随着"回应性关联"的持续，在孩子长到 7 个月左右时，他会渐渐认识到"这个人是会保护自己的人"，从而与这个人建立起心与心的联系，这种状态就是我们所说的"依恋"。孩子会开始区分与自己有依恋关系和没有依恋关系的人，因此就会出现认生的现象。

这种婴幼儿时期的依恋情感，会成为孩子处理人际关系的基石，孩子会获得一种表象认识：与对自己来说很重要的人之间是一种怎样的关系。我们称之为"内在工作模式"。

**关键词**

依恋、内在工作模式

# 03 每个孩子有不同的性情特点

每一个孩子都是不同的个体，有着他们各自不同的**性情特点**。这要求我们了解并配合孩子的特点。

根据精神科医生托马斯和切斯的调查结果显示，孩子自出生起就有着自己的性情特点。有的孩子总是一口气喝完奶后安静地睡觉，有的孩子则对外界声音和环境的变化很敏感，动不动就号啕大哭。

这些性情并无好坏之分。敏感是因为孩子富有感性认识，爱哭闹的孩子也正说明他健康且充满活力。

孩子究竟在寻求怎样的回应性关联？让我们在考虑了孩子性情特点的基础上再做出反应吧。

**关键词**

性情特点

# 04 培养会话与交流的能力

对于孩子用手指向的物体，我们要**给出回应性的**反应，这样能够培养孩子的交流能力。

"这是小狗狗呢。"

"小狗狗。"

关键词

用手指示、三角关系

　　孩子从 1 岁左右起学会"用手指示"，这是孩子开始想要表达自己的心情或想要与人分享的表现，这也意味着孩子的一次重大成长。

　　因为在此之前，孩子的思维里只有"自己—物体"或"自己—他人"这样两者之间的关系。但现在，他开始明白"自己—物体—他人"这样三者之间的关系。这在发展心理学上被称作"三角关系"。对于孩子用手指向的物体，父母要给出相应的回应，如"这是小狗狗呢"等，可以很好地培养孩子的交流能力。

# 05 挑战外面的世界

> 孩子将与父母的依恋关系作**为心灵的避风港**，其好奇心与自立心日渐增强。

当孩子学会爬行或步行后，他们开始表现出对外面世界的好奇。此时，若与父母之间形成了良好的依恋关系，这种关系便会成为孩子心灵的避风港，让孩子可以一点点地去挑战探索外面的世界。

并不是让父母一下子离开孩子很远很远，而是一点一点地拉开和孩子的距离并观察孩子，如果觉得孩子一个人没问题那么再拉开一些距离。如此反复，孩子接触到的世界便会一点点扩大。通过这样的"探索行动"，孩子的好奇心与自立心得以增强，他们能够学到更多东西。

**关键词**

探索行动

# 06 想象力的丰富

当孩子获得了**想象的能力**时，他们便开始玩"拟物游戏""模仿游戏"等。

关键词

获得表象
（拟物、假装、延迟模仿）

当你发现孩子将积木捏在手上，把它当作汽车一样在地上滑行，并且嘴里发出"嘟嘟"的声音时，说明孩子获得了将某物比作另一物体的"想象力"，这种现象常见于孩子1岁半以后。

当孩子掌握了这种想象力，他们便开始玩"拟物游戏"或"模仿游戏"，此时孩子的记忆力增强，即便是一段时间之前看到过的他人的行为，孩子也可以模仿，这种行为称作"延迟模仿"，与他人共享自己想象力的"过家家"等模仿游戏，也是孩子们的乐趣所在。

# 07 明白自己与他人的不同

> 我喜欢橘子，而她喜欢苹果——
> 孩子开始明白**自己的想法与他人的想法**是不同的。

孩子在 4 岁以前，尚未意识到自己的心理与他人的心理是不同的。此时的孩子认为自己所知道的对方也一定知道，对方的心情总是和自己是一样的。

孩子在与人交往和反复游戏中常常受到激发并逐渐成长，等到 4 岁以后他们终于开始理解，自己的心灵和对方的心灵是不一样的。伴随这一成长，孩子也学会了"欺骗他人"。

**关键词**

心理理论、自我认知

# 08 体会喜怒哀乐

"好开心呀！"

> 随着周围大人常常说一些表示感情的词语，孩子也渐渐理解了**喜怒哀乐**。

"好难过呀。"

关键词

**基本情感的获得**

人类在两岁左右开始产生喜悦、悲伤、嫉妒、愤怒、恐惧等情感。但对于这些纷繁复杂的情感，孩子并不会自发地意识到"这种情感叫作'喜悦'，那种情感叫作'悲伤'"。

当孩子开心时，周围的大人们附和着"真开心呀"；当孩子难过时，大人们又安慰孩子"别难过了呀"……如此，才让孩子将情感和词语连接起来，通过身边的大人来掌握表达情感的词汇，这才是真正理解情感的开始。

# 09 他人也有各式各样的想法

这个阶段的孩子不再只关注自己，也开始慢慢了解对方（别人）的心情。

『你没事儿吧？』

『她看起来很没有精神……』

孩子在幼儿时期有着一种"无所不能感"，总觉得"自己是第一位"的，其思考方式也常常以自我为中心。随着孩子的成长，他们渐渐开始考虑他人的心情，逐渐能够站在不同的立场思考问题。

孩子上学以后，接触的世界更加广阔，他们开始有各种各样的体验和经历。孩子也逐渐注意到每个人都有不同的立场、情感和思考方式。推测并理解他人的思考方式和心情的能力，对于构建和维持良好的人际关系有着至关重要的作用。

**关键词**

摆脱以自我为中心、从社会性视点考虑问题的能力

# 10 积极努力的时期和 消极怠慢的时期

随着"无所不能感"慢慢淡薄，孩子会出现"自卑感"而**无精打采**。除了用言语安慰以外，试试让孩子体验成功。

关键词

充满干劲和消极怠慢

随着孩子慢慢长大，他们也逐渐意识到了自身的不足，幼儿期常有的"无所不能感"消失，到了儿童期后半期，孩子会有"自己还是能力不行""就算做了也做不好"等情绪，从而失去干劲，陷入消极怠慢的状态。

这种因自卑感导致的消极怠慢，大人们会开始鼓励孩子"要加油呀"，但除此之外，更重要的是让孩子亲身体验成功。

为孩子确立一个应该能实现的目标，让他一步步地去体验实现目标的成就感吧。

# 11 虽然高兴但有些不忍心，
## 虽然很期待却有些不安

虽然今天是我赢了，但是下次我们再继续比试吧！

这个阶段的孩子可以意识到自己的交织复杂的情感，逐渐掌握了一套关心他人、顾虑他人感受的**情绪表达规则**（Affective or Emotional Display Rules，指的是个体在社会化过程中获得的，用以指导特定社会情境下表现社会期望的一套规则）。

关键词

交织复杂的情感、情绪表达规则

　　虽然很欣慰但心里还是不忍心，虽然害怕但是又挺想挑战……孩子在进入儿童期以后，开始会同时抱有积极的和消极的等两种以上的心情，这也影响着孩子如何处理人际关系。"这次比赛我赢了，虽然挺高兴的，但是觉得很对不起他"抑或"虽然我不喜欢她，但还是要笑着跟她说谢谢"等，孩子开始顾虑他人的感受，在尽量不伤害对方的前提下去表达自己的情绪，即掌握了情绪表达规则。

# 12 明白自己"还有什么不懂"

因为这样做失败了，所以下次试试那样做吧。

孩子开始能够客观地看待自己，通过**元认知**❶来引导自己的行为，找到解决问题的方式。

---

❶ 元认知是认知主体对自身的心理状态、能力、任务目标、认知策略等方面的认识，同时，又是认知主体对自身各种认知活动的计划、监控和调节。其核心是对认知的认知。——译者注

孩子 7 岁以后，就开始有逻辑思考能力了，但在他 11 岁以前尚不能对抽象事物进行很好的思考，只能进行具体思考，因此这一阶段在心理学上被称作"具体操作期"。

另外，孩子开始监视自身状态，自己在想些什么？在了解自身状态后若发现问题该如何解决？孩子针对这些问题思考解决方法，并付诸实践。这一行为即"元认知"，常见于孩子 10 岁以后。

关键词

思考能力的发达（具体操作期、元认知）

# 13 重要的人从父母变为朋友

在孩子看来，**"对自己重要的人"**开始从父母转变为朋友。

关键词

『重要的人』的变化、心理断奶

当孩子迎来青春期，对于孩子人格形成有着重要意义的人物开始从父母变为朋友。由此，孩子不再轻易表露出对父母的情感，甚至在家里不再多说话。

但这并不意味着孩子不再依赖父母，也不能说朋友完全取代了父母。

为了获取一种信念——"父母是相信自己的"，孩子或许会开始叛逆试探父母。

# 14 心理成长追赶不上身体的变化

这一时期的孩子心理成熟度无法赶上身体的变化，开始出现很多不安和疑惑，这也是孩子变为成人的第一步。

青春期是孩子身体迅速发生变化的时期，身高和体重急剧增长，肌肉发达，这也对心肺功能和呼吸器官有一定影响。此外，由于第二性征的出现，孩子的生殖器官发生变化，迎来人生的初精或初潮。由于性激素分泌的变化，孩子对事物的感受方式也与以往不同，由于心理成熟度无法跟上身体发生的变化，从而产生了不安和疑惑等情绪。

另外，相较于男孩子，女孩子对身体的变化或初潮的出现使得她更容易往消极的方面去想。在这一方面，请父母多多关心孩子，让孩子更安心吧！

关键词

第二性征、不安

# 15 想更亲密，也渴望独处

想要靠近对方，
却又无法靠近。

想要更接近对方，与对方更亲密，却也因此产生**摩擦**。
这是一场亲密性与独立性的斗争。

对处于青春期的孩子来说，朋友比任何东西都重要。因此，孩子会希望与朋友更亲密一些。但随着关系的不断亲近，束缚、嫉妒等情绪就会出现，有时还会让彼此受伤，这就是人际关系学上所说的"豪猪的困境"。当两只豪猪想要拥抱的时候，它们身上尖锐的刺也会扎向彼此，以此来比喻明明想要靠近却无法靠近的状况。这种亲密性与独立性的矛盾，常常发生在孩子进入青春期之后。

关键词

亲密性和独立性（豪猪的困境）

# 16 构筑良好的人际关系

如果觉得自己错了，跟对方道歉，说一句"对不起"就好了哦。

委托他人帮忙的方式、与人言和的方法等社交技能，在**构筑良好的人际关系**中是不可或缺的。

第一部分 从『关键词』中了解孩子的内心

关键词

习得社交技能

在拜托别人帮自己做一件事时这样说会比较好、对待比自己年纪小的人这样做会比较好等，这些能够帮助自己构筑良好人际关系的技能，在孩子进入幼儿期之后的各类游戏和与他人的接触中便开始得以培养。孩子会在和其他小朋友一起玩耍时，通过反复观察别人的行为以及自己的不断试错，来学习这些技能。

但在当今社会，孩子们与同龄人交流的机会越来越少，越来越多的孩子缺乏处理人际关系时必要的"社交技能"。

# 17 我是谁?

不断追问一些没有答案的问题，而这样的纠结正是人生中宝贵的经验。

**关键词**

**抽象世界的延展**

孩子在 10 岁以后，开始能有逻辑地思考抽象性事物。在儿童期的"具体操作期"，孩子在对许多具体事物进行思考和在与各色各样的人们交谈中，开始询问自己"我到底是谁"，又或者他们会对一些抽象概念展开思考，如"人为什么活着"等。对于此时的孩子来说，抽象世界正逐步扩大。

虽然这些问题终究得不到答案，但这样的拷问对于孩子今后的人生来说，都是极为重要和珍贵的经验。

虽然俗话说"孩子是母亲身上掉下来的一块肉"，却终究和父母是不同的个体。尤其是在婴幼儿时期，孩子尚未掌握充分的语言能力将自己的思想情感传达给父母。此时孩子的表达方式为哭、含糊嘟囔、打滚儿、喊叫、复述、用手指等。等到可以离开父母的怀抱时，孩子便开始四处奔跑、肆意玩耍。

随着孩子年龄的增长，他们身上不断出现新的"行为举止"，并且持续变化着。在孩子语言尚未成熟时，从孩子的"行为举止"去了解孩子的内心十分必要。父母在摸索孩子内心的过程中，不妨减少自己的焦躁和生气，耐心地去观察一下孩子。父母要有觉悟，做到"不动怒"。

"行为举止"不单单指表情，还包括说话时的声调、抑扬顿挫，以及手势等全部身体语言。到了儿童期，即便孩子有了丰富的语言，孩子很多内心的真实想法还是会透过"行为"表现出来。

另外，很多青春期的孩子，嘴上说着"好啦，我知道啦"，但从孩子的表情和语气来看，孩子其实是在表达"我才不会听你的"。因此，孩子的"行为举止"，是我们了解孩子内心的关键所在。

从儿童期后半期到青春期，孩子逐渐可以自由地运用语言表达自己的想法，但如果父母只注意孩子的语言，则往往会被迷惑，不知如何是好。这时，如果父母能了解孩子行为举止的特点，就能够与孩子逐渐接近成人的内心找到共鸣——"哈，原来是这样""这种心情，我也有过啊"，等等。

每对父母与孩子相处的时间，都是无法重来和无可替代的，我无比希望这本书能帮到每一位珍惜与孩子相处时光的爸爸妈妈。

衷心希望，于本书的每一位读者，孩子都是一种可爱与珍贵的存在。

第二部分 从孩子的"表现"中了解孩子的内心

# 01 认生现象严重，无法离开父母

被亲戚或朋友等母亲以外的人抱在怀里，立马会号啕大哭。

尽管跟孩子说"等一下，妈妈马上就回来"，孩子也会紧紧地抱住母亲不肯撒手。

有不少父母都在烦恼——"我家孩子太认生了"。认生的反应过分激烈或许会让父母担心，但婴儿出生7个月后出现的这种行为，其实是正常发育的表现。

在发展心理学中，有"依恋"这一概念。这是一种孩子认识到"这个人是会保护自己的人"，在有了这种"心灵联系"之后建立起信赖关系的状态。

刚刚出生的婴儿在还不能说话时，便用"哭泣"的方式开始与父母交流。孩子会把"肚子饿了""热了""冷了""不舒服了"等情感，通过"哭"这一行为来倾诉。因此，父母用语言回应孩子也极为重要——"肚子饿了吧？""热了吗？那我们把衣服脱一件吧""我们把尿布换一下就舒服啦"，等等。

附和孩子表露出来的话语或情绪，带着满满的爱意去回应孩子，这种"回应性关联"对于依恋关系的形成至关重要。不要认为"反正说什么孩子也听不懂"就冷淡不语，坚持回应孩子，孩子才会渐渐把养育者当作"可以信赖的存在"。

于是，孩子出生7个月以后，他们开始区分"有依恋关系的人"和"无依恋关系的人"，一旦离开有依恋关系的人他们便会哭泣、惧怕生人，这些都是依恋行为的表现。换句话说，"认生"或"无法离开爸爸妈妈"正是一种健全的依恋关系得以形成的"良好表现"。

伴随孩子的成长，孩子依恋的情感与日俱增，他们开始明白"这个人即使不在眼前，他也会作为自己的'避风港'一直存在"。

随着这种回应性关联的持续，孩子与父母间的依恋关系进一步加强。那些一会儿看不到爸爸妈妈就号啕大哭、爸爸妈妈要离开时追着不肯撒手的孩子，到了 3 岁左右，会对父母有更加深刻的信赖，他们知道"爸爸妈妈就算现在走了也一定会回来"，于是在父母外出时，他们能够开心地跟父母说："注意安全，早些回来呀。"

假如过了 3 岁，孩子还是无法与父母分开，孩子可能是患有"分离性焦虑"。

出现这种现象的原因有很多，可能是在孩子成长过程中父母给予的回应性关联不足，同时父母又希望孩子早些自立起来，因此孩子对分离有着强烈的焦虑和不安。

这种情况下，不要强行将孩子与父母分开，让孩子跟父母一起度过一些悠闲的时光吧。

## 试试这样做吧！

这是认识的人吗？

不认识的人？

认生，是孩子能够区分"有依恋关系的人"和"无依恋关系的人"的证据。

如果觉得给予孩子的"回应性关联"不足，不妨多花些时间陪孩子吧。

# 02 只知道吮吸手指

一边吮吸着手指，一边
呆呆地站着。

无法加入小朋友们的
游戏中，只能吃着手
指在一旁看着。

孩子吮吸手指，有些情况是需要父母担心的，有的则不需要。

实际上，孩子在母亲肚子中时便开始吮吸手指，但我们并不知道孩子为什么要吮吸手指。

婴儿常有一些"反复性动作"，比如扭动自己的手、脚或身体其他部位，以此来使自己的眼睛与手协调，并确认自己的身体机能正常。在这样的反复中，孩子会不断学习到各种各样的新知识。

到孩子1岁左右为止，吮吸手指作为"反复性动作"中的一个，可以说是一种"无须担心的行为"。

但孩子3～4岁以后还继续吮吸手指的话，就是一种"需要加以注意的行为"了。这一时期的孩子已经可以玩各种各样的游戏了。游戏在孩子的成长过程中是极为重要的一环，无论是从锻炼孩子的体能上来说，还是从丰富孩子的想象力上来说，甚至在培养孩子创造力方面，游戏都全方位地培养着孩子的各项能力。

在孩子婴幼儿时期，不能将孩子放在那儿就不管了，让他自己随便玩儿，父母需要给孩子创造一个可以游戏的环境。让孩子处在一个安全的环境下，准备好适合孩子玩的玩具，父母陪孩子一起玩儿。为孩子创造一个有趣的氛围，孩子受到这样的刺激也会对游戏产生兴趣，之后孩子一个人时可以很开心地玩耍，和朋友一起时也可以自由奔跑，让身体得到充分的运动。

因此，如果3～4岁的孩子还在继续吮吸手指，说明孩子因为手上没有什么可以玩的而感到无聊。如果孩子有其他觉得很有趣的东西可以玩，应该是没有空闲去吮吸手指的。比起警告孩子"不许吸手指了"，不如给孩子营造一个可以让孩子沉浸在其中的游戏环境，并陪伴孩子一起玩耍吧。

有些父母可能会说"我不知道怎么和孩子一起玩儿呀"，那不妨试着去儿童馆、保育所、幼儿园等场所看看吧。看看其他父母怎么和孩子相处，看看专业的保育职员又如何和孩子接触，相信父母一定会从中受到启发的。

对于有些喜欢在睡前吮吸手指的孩子，比起告诉孩子"不要吸手指哦"，不如轻轻握起孩子的小手，分散孩子的注意力吧。

如此一来，孩子会感到安心，渐渐改掉吮吸手指的习惯。

# 试试这样做吧！

对于睡觉前吮吸手指的孩子，轻轻握起他的手，分散他的注意力吧。

为孩子营造一个可以充分享受游戏的环境。去儿童馆等场所看看其他父母、保育员与孩子相处的样子吧。

# 03 **夜间剧烈哭泣**

孩子半夜剧烈哭泣或
反复哭泣。

回想起白天遭遇的令人害怕的事
情，夜里突然哭闹起来。

孩子夜间哭泣是一种倾诉某种"不快"的行为。像"肚子饿了""我还不困"等这样的不快感，明明用语言说出来就好了，但在孩子两岁之前，还不能充分掌握"用以说明自己情绪的词汇"，所以只能通过"哭泣"这一行为来向父母表达。

当宝宝还在母亲肚子里时，母亲尚能根据自己的意志决定睡眠时间，但宝宝出生后，即使跟宝宝说"到晚上了，该睡觉了"，也往往发挥不了作用。

每晚无数次被宝宝的哭闹吵醒，焦躁涌上心头，体力透支，最终精疲力竭，心力交瘁。"这样的日子什么时候才是个尽头啊"，相信很多母亲都有过这样心灰意冷的体验吧。

尽管每次都耐心地哄孩子，可孩子却哭得越来越剧烈，这种情况背后一定是有原因的，冷静下来思考十分重要。或许，是因为孩子白天运动得太少，体力还很充足。这种情况下，强行让孩子入睡是非常困难的，不妨今后花一些心思，白天时为孩子创造一个安全的环境，让孩子充分玩耍，活动自己的身体。

有的孩子则是因为没有吃饱、肚子饿而哭泣。如果母乳不足的话，冲泡一些奶粉给孩子吧。

如果母亲有一些"育儿神经质"，过分坚持母乳喂养，反倒会带来各种各样的问题。倒不如转变为混合喂养的方式，减轻作为母亲的压力。混合喂养方式下，父亲和外婆、奶奶等也能喂养，交替喂养便能确保母亲的睡眠时间。

无论怎样的孩子，多多少少总有夜间哭泣的现象。这与孩子与生俱来的"品性"有关。有的孩子敏感，有的孩子迟缓，这无关乎孩子的生活环境和养育方式，只是因为孩子的品性特征罢了。如果有的母亲说"我家孩子晚上从来不哭呢"，那只是因为她比较幸运。和他人做比较注定令人更有压力，"我家孩子就是这样"，不要去想别人家的孩子了！

婴幼儿期的孩子半夜想起白天遇到的恐怖事情也会在睡梦中哭泣，这种症状叫作"夜惊"。因为这种症状是一时性的，因此轻轻抚摸拍打孩子的后背，让孩子安心下来吧。

虽然说夫妻交替照顾孩子最佳，但无论如何条件都不允许的情况下，丈夫休息日时请确保妻子有充足的睡眠，夫妻二人齐心协力共同度过这段时期。

## 试试这样做吧！

每个孩子多多少少都会有夜间哭泣的现象。为了不让疲劳积压，偶尔让丈夫和家人也照看一下孩子吧。

夜惊通常是一时性的，轻轻抚摸孩子的后背，让孩子不再害怕。

# 04 拿到什么都往嘴里放

孩子看到什么都去摸、去扯，并且想要放进嘴里。

拿起小伙伴的玩具也往嘴里放。

这是一种与孩子的成长有着重要关联的行为表现。

0～2岁，是孩子通过眼、耳、鼻、舌等器官获取感觉，通过运动活动身体，以此来学习感知物体存在的时期。在发展心理学中，这一时期被叫作"感觉运动期"。

刚出生的婴儿无法区分自己这一个体与周遭环境的区别。他们通过活动自己的身体和用触觉、视觉、嗅觉等去感受周围，学习了解自己和外界物体的不同。

在手、脚、眼、鼻等人体有限的器官中，婴幼儿期的孩子最为敏锐的器官便是口。因此，这一时期的婴儿拿到什么都要放进嘴里，来确认外界环境存在的东西。

这一时期，也是孩子动作与感觉相互协调的时期，除了会将物体放进嘴里舔或者咬以外，孩子也学会了用手抓取食物喂给自己、伸手去抓自己视线中能看到的东西等。

但这一时期的父母必须要注意的一点便是：误饮误食。

婴幼儿最常误饮误食的是香烟，此外还有因尺寸大小导致婴幼儿误食后气管堵塞无法呼吸的物体、药品、不卫生的物品等，这些都非常危险。

就当作"婴幼儿拿到什么都会往嘴里放"，那么凡是放进嘴里会让孩子遭遇危险的物品，都切记不要放在孩子伸手可以触及的地方。

此外，在带孩子外出时，孩子若要伸手拿他人的物品放进嘴里，如果能够判断"这样做是不行的"，不要认为这是孩子成长过程中的必经之路而坐视不管，要告诉孩子"不能这样做哦"来及时制止。

都说父母肩负着"推动孩子社会化"的重任。为了能让孩子独立成长起来，父母有责任教导孩子让他们懂得语言和一些社会准则。

孩子 2 岁以前，尚较难区分"自己的东西"和"他人的东西"，此时父母尽量用语言去告诉孩子，让孩子慢慢地去理解吧。

試试这样做吧！

香烟、药品、不卫生的物品以及容易卡在喉咙堵塞气管的物体等，切记要放在孩子无法触及的地方。

就算是孩子成长过程中必须经历的行为，也要严肃地教育孩子：不行的事情就是不行。

# 05 不亲近爸爸

即使爸爸伸出手说"来，让爸爸抱抱"，孩子也不离开母亲。

即使爸爸邀请孩子"我们去踢足球吧"，孩子也只想和妈妈一起玩，对爸爸的示好毫无兴趣。

这一现象并非一定会在孩子的成长过程中出现，但在这一时期的孩子中间很是常见。最近，这一时期又被人们称作"讨厌爸爸期"。

女人十月怀胎，分娩后成为母亲，之后的很长一段时间都和孩子一起度过。因此，对于孩子来说，无论是身体上还是时间上，与母亲的关联都比与父亲的要深得多。

在之前"认生"的板块也讲到了，婴儿在7个月以后，开始区分与自己"有依恋关系的人"和"无依恋关系的人"。在关联度高、相处时间更长的母亲与接触机会并不多的父亲之间，孩子总是与母亲的依恋关系更强一些，因此，出现一定程度的"讨厌爸爸"的情况也情有可原。

当孩子无论如何都不想和母亲分开时，不要强行将孩子抱离，父亲不妨多承担一些家务，重新安排夫妻间的分工，等到孩子1岁半左右，这种现象便会得到缓解。

还有一种可能性，是父亲或许没有给予孩子"回应性关联"。这一时期，对于"孩子自己想做的事情"，父亲应尽量给予积极的回应。

如果父母总是想着"想要给孩子什么"，依恋关系就很难形成。父母不能因为"想让孩子踢足球"而给他买一个足球让他玩儿，一定要看到孩子对足球感兴趣之后再给孩子扔一个足球。父母要在孩子感兴趣的东西上下功夫，让孩子的世界越来越宽阔。

尽管比起母亲，父亲总是和孩子接触的时间更短，回应性关联更少，但这并不意味着"孩子只对母亲产生依恋"。最近也有很多实践证明，孩子与父亲也会产生坚实的依恋关系。

父母亲的情绪稳定，以及夫妻关系的稳定，对孩子的成长影响也很大。如果夫妻经常吵架、焦虑，那种消极情绪也会传导给孩子。

即便是因为工作关系回家很晚，无法直接与孩子交流的父亲，也要更努力地去体谅母亲的心情，做好妻子的后援。

婴幼儿期
（0～3岁）

幼儿期
（3～6岁）

儿童期前半期
（6～10岁）

儿童期后半期（10岁到青春期）

## 试试这样做吧！

孩子与母亲待在一起的时间相对较长，因此与母亲更亲密是可以理解的。如果孩子的这种依赖让母亲不便于做家务，那么父亲便代替母亲分担一些家务吧。

父母不要强加给孩子自己的希望，而是陪孩子玩他们感兴趣的东西。

# 06 总是说"不要"

吃饭时若有自己不喜欢的食物，立马扭过头去说："不要！"

孩子系不上衣扣，父母想要帮他时，他会立马用手推开父母："不要！"

　　虽然出现这种现象的原因尚不明了，但实际上世界各国的孩子到了1岁半左右，都开始说："不要！"美国的孩子就经常说："NO！"在日本，孩子的这一阶段被称作"不要不要期"，也被认为是很令父母头疼的一个时期。其实，孩子说出"不要"正是孩子健康成长的一个证明。

　　前文中也阐述过，孩子从出生到1岁左右这段时间，会与父母逐渐构筑起依恋关系。有了这种信赖关系后，孩子开始一点点探索外面的世界。因为有了父母这一"避风港"，孩子会想要主动地尝试各种各样的事情。

　　这一阶段的孩子充满着探求心，想穿自己挑选的衣服、想自己穿鞋、想自己系扣子等，越来越多地做自己想做的事情。这种对父母说"不"，想要自己完成事情的表现，正是说明孩子在健康成长，也说明父母在孩子婴幼儿时期与其建立起的关联有了成果——父母与孩子之间有着稳固的依恋关系。

　　这一时期,让孩子保持探求外界的积极性十分重要。当孩子说"我要自己做"却又不能很好地完成时，作为父母的你是不是会说"你看看你，做又做不好"。好不容易孩子有了这样"想要自己做"的积极性，长期被父母这样说的话，这种积极性会逐渐萎靡，再也没有了想要主动去做某事的心情。这一时期，就算父母过度褒奖孩子，孩子长大后也不会因此就变成一个傲慢的人。

对于孩子怀着满腔热情地说"我想要自己做"的事情，即便父母多多少少帮了些忙，也要表扬孩子："宝宝真厉害！自己做到了呢！"看到父母开心地表扬了自己，孩子的积极主动性和探求心都会更加强烈。

但是，即使知道这种现象是孩子健全成长的表现，每天无数次被孩子拒绝，父母也会感到疲劳吧，一定会有父母觉得"自己被否定了"。但我们要知道，这一时期的孩子还没能学会推测他人的心情，孩子并不是明白了父母的想法还故意说"不要"的。

父母不要像个孩子一样跟自己的孩子怄气，反倒应该去利用孩子的"不要"，当孩子挑食说"不要"时，父母先要自己津津有味地吃起来："好哦，不吃也没关系。反正妈妈很喜欢吃，那妈妈就都吃了！"这样的应对是不是更好呢？

试试这样做吧！ ......................................

对于孩子不感兴趣的食物，故意说："反正妈妈很喜欢吃，那妈妈就全吃了！"并让孩子看到自己津津有味地吃起来的样子，孩子也会对这种食物产生兴趣。

"哇，真厉害！""能自己做到了！"像这样去表扬孩子"想要自己做"的想法吧。

# 07 **总做一些危险的事**

在客厅的沙发上爬上爬下，一不小心就会掉下去，让人心惊胆战。

想要拿桌子上的东西，却一把扯下桌布。啊！危险！

孩子开始明白"高处很危险"是在 9 个月左右学会爬行的时候。这是因为孩子的视觉神经进一步发育，能够理解物体的"深度""高度"等，因此也开始知道害怕。

孩子判断自身是否处在危险之中还有一个重要因素，即父母的表情。孩子在做出一些行动的时候，通常会注意父母或对自己重要的人的表情，一边进行判断一边做出下一步动作。这种行为叫作"社会性参照（Social Referencing）"。

新生儿由于视觉神经发育与社会性参照都尚未成熟，所以不具备理解危险的能力，因此我们首先要创造一个没有危险的外部环境。除此之外，我们不仅要用语言告诉孩子"这很危险"，更重要的是用自己的表情告诉孩子"这很危险"。如果到了 1～2 岁，孩子还经常做一些在高处攀爬等危险行为，则可能是孩子对于危险的想象力尚不成熟。

孩子这种对危险的想象力，能够在父母及周围大人的教导中培养起来。但如果只是呵斥孩子"不行""停下"，而不向孩子说明"为什么不行"以及"这样做了会有怎样危险的后果"，孩子便无法掌握了解危险的能力。只有听到了父母的解释，孩子才能知道怎么做是危险的。

这种"说明式教育"任由时间流逝也不会在孩子心中淡去。与此同时，告诉孩子"为什么不能这样"，不仅可以让孩子理解其中的缘由，更能让孩子知道，父母是为了自己好才不让自己这样做的，父母是因为爱才这样说的。这与孩子进入青春期后的亲子关系也有着深刻关联。

让孩子看一些会出现危险场景的绘本或电影，让孩子从中获得更加立体的体验。

此外，前文所述的"表情所传递的信息"也极为重要。在教育孩子的时候，反思自己会一边看着手机一边跟孩子说话吗？

如果只是嘴上说着"不行""可以"，而没有向孩子传递表情信息的话，那么它作为一种交流是不充分的。

交流是语言和表情的结合，只有注意到这两个方面，想要传达给孩子的信息才能真正进入孩子的心底。

## 试试这样做吧！

在用语言告诉孩子"这样很危险啊"的同时，脸上也要向孩子做出很担心的表情（前提是在能够确保安全的条件下，一旦情况紧急，需立即救助孩子）。

不要只说"你看看你""都说了不行"，而是用语言和表情好好向孩子说明理由："这样做会把碗扯下来摔碎，碗里的汤就会洒了，所以不要这样做了哦。"

# 08 抱着布偶不肯撒手

抱着喜欢的布偶一刻也不肯放手，生怕被人抢走的样子。

总是拽着手绢，即使说"来，给妈妈"也不会交出来。

只是想去趟厕所，孩子便号啕大哭起来，结果只好抱着孩子去上厕所，想必很多父母都有过这样的经验。在孩子婴幼儿时期，父母离开自己的视线后，孩子便会觉得父母"消失"了，无法想象父母"在厕所"。随着孩子慢慢长大，到了三岁以后，他们会渐渐开始理解"即使现在不在眼前，父母也是一直存在的"这件事情。

尽管孩子逐渐明白这个道理，但是像父母这样能够信赖的对象突然消失不见，孩子依旧会感到恐慌。为了抵御这种寂寞与不安，孩子出现抱着布偶或拽着手绢不放开的现象。孩子通过抱着布偶或拽着手绢，来假想自己喜欢的、有着信赖关系的人就在自己身边。

那么，孩子为什么会选择布偶或手绢呢？有人做过这样一个实验。为猕猴宝宝准备两个"代理妈妈"：一个是用金属丝制成的，另一个是用柔软的布料制成的。两者都可以抱着喝到牛奶。将由各自母亲养育了一段时间的猕猴宝宝们带进同一房间，在它们突然受到惊吓时，几乎所有猕猴宝宝都去抱布制的"代理妈妈"。也就是说，在处于不安或有寂寞情绪时，人和动物通常倾向于选择较为柔软的东西来安慰自己。有些父母会比较在意为什么孩子总是抱着布偶不放手，真的没关系吗？其实无须担心。

伴随孩子的成长,信赖关系构筑起来,孩子心中的"想象能力"也逐渐形成。在发展心理学中,这也被称为"对象恒常性的确立"。"对象恒常性"是指一种能力——孩子在不安时,想起父母等能够信赖的人的脸,并告诉自己"没关系的,没关系的"——这种能力会在孩子与父母形成依恋关系(3岁左右)之前确立起来。在一些情节紧张的电视剧中,有人快要从悬崖上掉落时,他会大喊:"妈呀——!"这也说明,即使是成年人,也会在心里下意识地想象一个"在遇到困难时会来救自己的人"。

此外,孩子到了3岁以后,"玩游戏"的方式更加多样,并开始能够和好朋友一起玩同一个游戏。到了那时,孩子就再无闲暇感到寂寞、无聊,自然而然地就不再抓着布偶或手绢不放手了。

## 试试这样做吧！

孩子或许是将布偶当成了爸爸妈妈等对自己重要的人的替身。父母不必担心，孩子自然会放手的。

等到孩子游戏的方式增多，就不会再有闲暇感到无聊和不安，渐渐就能忘掉手绢啦。

婴幼儿期
（0～3岁）

幼儿期
（3～6岁）

儿童期前半期
（6～10岁）

儿童期后半期至青春期
（10～13岁）

## 09 连简单的指示也听不进

告诉孩子"把这里整理一下哦"，结果还是不会整理。

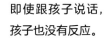

即使跟孩子说话，孩子也没有反应。

即使是尚未学会说话的孩子，也渐渐能够听懂父母说的话。叫他的名字，他会回头，并会支支吾吾地给一些回应。如果拜托他一些简单的事情，如"可以帮我把这个扔进垃圾箱吗"，有些孩子也能做到。

但是，如前文所说，这一时期的孩子会不断出现自己感兴趣的、想要去做的事情。因此，对于自己不感兴趣的事情，孩子不听也理所当然吧。

如果孩子没有理解指令的内容本身，那么可能有以下几种可能。

一是父母的说明不充分导致孩子无法理解。比如，父母可以不只是说"把这里整理一下哦"，而是说"把这个放进那个红色的箱子里哦"，这样更具体地告诉孩子会有更好的效果。

二是由于父母与孩子的交流不足导致的孩子"听"的能力尚未成熟。这里说的"交流"，就是对孩子想要传达的事情，父母要用心地去倾听，去和孩子产生关联。

孩子从 1 岁左右开始就学会了用手指物体。当孩子指着小狗的图片说"汪汪"的时候，父母回应"真的呀，是小狗汪汪""真可爱呢"，这就是交流。

像这样，孩子从理解"自己—物体（玩具等）"或"自己—他人（母亲、父亲等）"的二者关系，到能够理解"自己—物体—他人"的三者关系，这就是交流的开始。这在发展心理学当中叫作"三角关系"。有了这样的关系后，孩子的交流能力才会在想要将自己的心情传达给别人和想要与人分享的心情中培养起来。

这时，如果父母对孩子表达的事情漠不关心或者父母不听孩子说话成为常态，孩子的交流能力便无法得到提高，倾听的能力也得不到培养。父母在日常生活中，也多用心去倾听孩子想要传达的东西，多点头回应孩子吧！

如果孩子不理解父母讲的话，对父母的指令没有回应，那么孩子可能患有中耳炎等疾病而导致听力不好，父母不妨多加注意一些。

因为这不是孩子的心理问题，而是身体器官的问题。所以尽早知晓，尽早处理为好。一旦发现有不对的地方，立即咨询医生吧。

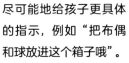

试试这样做吧!

尽可能地给孩子更具体的指示,例如"把布偶和球放进这个箱子哦"。

用心倾听孩子说的话,一边点头一边附和,这样能够更好地培养孩子的交流能力。

婴幼儿期
(0~3岁)

幼儿期
(3~6岁)

儿童期前半期
(6~10岁)

儿童期后半期至青春期
(10~13岁)

073

# 10 自己的东西不借给别人或抢别人的东西

即使好朋友跟自己说"可以借我一下吗",也绝不会把自己觉得重要的东西借给别人。

总是想要抢好朋友正在玩儿的玩具。

"那个!是我的!"

孩子在 1 岁左右的时候，还没能充分理解"自己的东西""别人的东西"这一概念。到了 2 岁左右才终于有了"自己的东西"这一"所有权的意识"。但这一时期，孩子会按照自己的想法和意愿行动，所以"不肯将自己的东西借给别人"也是很常见的现象。

为他人考虑、与人分享是一种美德。在孩子很小的时候，父母也总是教育孩子"借给朋友玩一会儿吧"，但无须从这一时期开始就强迫孩子接受自我牺牲的意识。

此外，对于他人的东西，如果孩子能够懂得"和自己的东西一样，他人的东西对他人来说也是极为重要的"，则是更有高度的一种想法。站在他人的立场为他人考虑这件事，通常在孩子 4 岁以后才能理解。又随着孩子想要与朋友一起玩儿的心情逐渐强烈，"抢了或被抢了""借给我或不借"等矛盾在这一时期也会频频发生。作为父母可能会担心这些矛盾，但实际上，这些日常的矛盾对于孩子的成长都有着极为重要的作用。

强硬地去抢夺别人的东西或自己的东西被抢走，把别人弄哭或自己被弄哭，然后打起架来，这就演化成了一件很棘手的事情。但正是因为有这样反复出现矛盾的经验，孩子才能学会与人分享，当下一次再告诉孩子"借给他吧"时,孩子才会非常听话地将自己的东西借给他人。换句话说,这也是因为孩子实际感受到了跟"与人发生矛盾、又哭又闹"相比,借给他人能够避免大量不必要的麻烦和成本,因而掌握了这项社交技能和社会规则。

如果从一开始父母就介入以避免发生矛盾,那么孩子便无法得到这种体验。这样一来,无论孩子成长到何时,总会强硬地抢夺他人的东西。也因为自己的东西没有被抢过,即使父母告诉孩子"借给他吧"时,孩子也绝不会将自己的东西借出。

正如前面说到的,从孩子4岁左右开始能够逐渐理解对他人的"体贴和关心",但并不是说他们到了4岁突然就理解了。他们需要反复经历这些体验,再加上父母的说明,才能逐渐明白这些道理。因此,让孩子在日常游戏中体验这种"争执和矛盾"显得十分重要。游戏,会教给孩子许许多多生活所必需的能力。

另外,还可以让孩子看一些有相关分享场景的绘本或电影,如妈妈说"借给他吧",孩子回答说"好呀"的场景。因为孩子通常喜欢模仿,所以会在模仿身边人的过程中渐渐养成好的习惯。

## 试试这样做吧！

母亲可以在孩子面前表演
"借给我吧""好呀"的
场景，让孩子去模仿吧。

抢其他小朋友的东
西，或自己的东西
被其他小朋友抢
走；把别人弄哭或
自己被人弄哭等这
样一些与人发生争
执的经验，对孩子
来说有时也是极为
必要的。

婴幼儿期
（0～3岁）

幼儿期
（3～6岁）

儿童期前半期
（6～10岁）

儿童期后半期至青春期
（10～13岁）

# 11 频繁眨眼和口吃

不停地眨眼。

因为口吃而无法
很好地表达自己
想要说的话。

频繁眨眼这一动作也被称为"抽搐"。眨眼通常有着固定的节奏，与孩子小时候吮吸手指一样，会成为孩子的一个习惯性动作，但都是暂时性的。有很多孩子是因为感到压力才做这一动作的，因此不要强行让孩子戒掉这个动作，而是要和孩子一起游戏，倾听孩子说话等，与孩子度过一段悠闲的时光，重视和孩子的交流就好了。

口吃这一现象，比起女孩子，在男孩子中更为常见。这是想说话的心情和语言能力尚未达到平衡而引起的。

这是一种明明有很多话想说，词汇量和造句能力却不足的状态。至于为何在男孩子中更为常见，尚未得出科学的结论。

随着孩子语言能力的进步，口吃现象通常会自然好转。更大的问题在于，许多父母因为介意孩子的口吃而进行提醒，常会给孩子造成二次伤害。

如果父母在孩子口吃时提醒道"你试着慢慢说看看""你看你，又开始了"，孩子本人也会格外地去注意自己的说话方式，结果通常会导致口吃现象更加严重。此时孩子会产生强烈的失败感，一想到"我又会被批评提醒"，孩子会觉得说话是一件不快乐的事儿，说话的欲望也会慢慢消失。

在口吃现象刚刚出现时，孩子本人对这种现象并没抵触情绪。但是，由于周围的大人们总是给予否定的反应，说："你说话就不能说得更顺畅点吗？"于是孩子自己也开始认为这是不好的。

即使孩子出现口吃的现象，父母也不要过分注意，好好保护孩子想要表达的心情吧。耐心地去倾听孩子说话，就算孩子总是频繁眨眼，时而又口吃，但这不会给周围带来麻烦，不要因此而责备孩子。

比起小题大做地认为这些行为是孩子的"毛病"，并拼了命地想要找出原因治疗孩子，倒不如拿出充分的时间和精力陪孩子一起游戏，与孩子好好交流。因为这些行为几乎都是暂时性的，所以通常都会在父母的陪伴中慢慢消失。

等到了孩子4～5岁时，这些现象还未消失的话，再带孩子去看医生吧。

## 试试这样做吧！

不是强迫孩子戒掉某些习惯，而是通过陪孩子一起游戏，让孩子度过轻松愉快的时光。

不要否定孩子，好好保护孩子想要表达的心情。不要着急，耐心地去倾听孩子说话吧。

婴幼儿期
（0～3岁）

幼儿期
（3～6岁）

儿童期前半期
（6～10岁）

儿童期后半期至青春期
（10～13岁）

# 12 明明做不到还要逞强

即使距离很远也要逞强说："我要走过去！"

明明就做不好的事情，也不停地说："我要做！我要做！"

正如前文所说，孩子在从1岁半左右开始萌生自我的概念，变得什么事都想要自己做。

但此时的孩子尚不了解自己的能力，无法把握时间以及预测未来。

因此，在父母看来"无论怎么想孩子也无法做到的事情"，孩子却吵着嚷着"我要自己做"，是这一阶段的孩子中很常见的一种行为。

想穿妈妈的高跟鞋出门；想自己打鸡蛋；虽然很远也要自己走路去车站……

一旦孩子喊着要自己做，很多父母可能会很烦躁，心想"明明做又做不好"，不禁对孩子生气："你做不好的！"

但其实，这一时期也是应该尽可能让孩子变得自信，让他们觉得自己"能做到"的一个时期。据美国一项心理学调查显示，无论男女，孩子在9～12岁这一期间，自信心会大幅度减少。

到了这个时期，孩子开始认识到自己不成熟的部分和弱点，对待自己也会变得很严格。对周围人的评价也变得敏感，当受到外界严厉的评价时，他们便会对自己产生厌恶感。

　　因此，在孩子无论什么都想自己做，觉得自己一定可以的幼儿期，让孩子积累许许多多"我可以"的经验为好。一边若无其事地暗暗帮助孩子，一边夸孩子："哇！真棒！自己做到了呢！"即使有些小失败，但大体上完成了的时候，也要开心地表扬孩子："做到啦！真厉害！"有了这些经验的积累，孩子才会有可能成为一个自信的人。

　　前文也说到，这一时期即使多表扬孩子，孩子也不会因此成为一个傲慢的人。等到孩子进入小学，在各种各样的经历中，必定会迎来产生自卑感的时期。在幼儿时期，让孩子感到自己无所不能并非一件坏事。

试试这样做吧！

尊重孩子"我想自己做"的积极性，让孩子积累成功的经验。至少在幼儿时期，让孩子觉得自己无所不能。

一边若无其事地协助孩子，一边夸奖孩子吧！如"自己一个人！也能做得很好呢""哇！做到了，真厉害"等。

# 13 打滚、哭闹、爱发脾气

如果不给买想要的玩具，就在地上打滚大哭起来。

被朋友抢走了布偶，大发脾气。

发脾气是因为无法用言语表达自己当下的心情或因无法理智分析当下的心情而导致的。处于幼儿期的孩子因为缺少经验，不知道处理这种不快的方法，因此容易陷入混乱。

对于幼儿期的孩子来说，自己无法了解并控制自己的情绪是一件没有办法的事情。用语言表达自己的感情，也并不是孩子自然而然就能掌握的事情。为了让孩子获得能够表达感情的词汇，只有父母去帮助孩子表达。

比如，在孩子因被抢走玩具而大哭时，父母应轻声跟孩子说："因为不甘心所以在哭吗？"于是孩子才明白"原来这种心情是'不甘心'啊"。随着这种经验的不断积累，到了4～5岁时，孩子才逐渐地开始会表达"我不甘心"。如果没有人教的话，那些关于感情的名词，不会自己从哪儿冒出来。

为了让孩子掌握这些表达感情的词语，父母多帮助孩子发声吧。因为孩子在两岁左右开始便获得了感知喜怒哀乐的能力，在不同的场合下，让孩子将各种感情与相关的词语联系起来十分重要。于是，在孩子的心中某种不快感对应着某个词语，在不高兴时不用发脾气也能将自己的心情吐露出来。

能够用语言表达感情可以使孩子感到放松。同时，如果能用语言让对方明白自己的心情，即便不用"发脾气"，花费不必要的精力，也能让对方满足自己的要求，孩子自己也会更加轻松。

带孩子出门在外时孩子发起脾气，通常会让因为周围人的关注而不知如何是好的父母陷入慌张和焦虑。此时，无须想着当场解决，先带孩子离开那个场合，通过别的事情转换一下孩子的情绪即可。

这其中有些孩子还会突然躺在地上打滚，这又伴随着可能会撞到头的危险。对于一发脾气就"啪嗒"一声倒在地上的孩子，父母应尽量去了解孩子在什么情况下会大发脾气，比如和小伙伴争抢快要输掉的时候、肚子饿了的时候、不给他买他想要的东西的时候……父母了解了这些可能会导致孩子生气打滚的情况后，就能考虑预防的对策避免这种状况的产生。

**试试这样做吧!**

比如避开玩具的卖场等,避免孩子陷入"生气打滚的状况"。

玩具 ☆

比如"因为不甘心所以哭了呢"等,把关于情感表达的词语讲给孩子听,让孩子积累用语言表达感情的经验。

婴幼儿期
(0~3岁)

幼儿期
(3~6岁)

儿童期前半期
(6~10岁)

儿童期后半期
(10~15岁)

# 14 无法和小伙伴们很好地相处

不和其他小朋友一起玩儿，沉浸在一个人的游戏里。

无法加入小朋友们的游戏，扭扭捏捏地站在一旁。

随着孩子的成长，孩子与小伙伴之间的关系也会发生变化。1岁左右时，即使和同龄的孩子待在一起，孩子也不会意识到这就是朋友，不会和同龄人一起玩儿，只是一个人玩或和父母一起玩儿。从2岁左右开始，孩子开始意识到朋友的存在。这时孩子也不会和其他孩子一起玩耍，而是和其他孩子同时各自玩着自己的。我们称这种状态叫作"平行游戏"。

4岁左右，孩子开始和其他小伙伴一起玩耍。这种玩耍又被称作"联合游戏"，是指多个孩子使用同一个玩具，相互协作、共同玩耍。

5～6岁以后这种游戏方式得到进一步发展，孩子们开始能够进行语言的交流和分工协作，这种方式又叫作"协同游戏"。

幼儿期是孩子的游戏方式从平行游戏到联合游戏，再发展成协同游戏的时期。在这一阶段，每个孩子也有自身的个体差异。同时，因为每个孩子的性格气质、行动方式都不一样，既有兴致勃勃地冲在前面想和小伙伴一起玩儿的孩子，也有讨厌喧闹的场所喜欢在安静的地方玩耍的孩子。

或许有些父母强烈希望自己的孩子能多交些朋友，

成为"受欢迎的人"。但朋友这种东西，并不是勉强就能拥有的。孩子明明想和父母在一起多玩儿一会儿，父母却总是不停地催促孩子去和其他小朋友玩儿，对于孩子来说反而是一种负担。首先是和家人，其次是经常见面的亲近的人，让孩子一步一步地去结识更多的人吧。

如果真的想让孩子多和小伙伴一起玩，比起告诉孩子"你去多交些朋友吧"，不如父母也加入孩子们中间，演示给他们看该如何玩耍。当孩子看到父母开心地玩着扮演游戏，说"请吃吧""那我不客气啦"等，孩子也会想"这样做就可以吧"，然后有模有样地学起来。

如果孩子并没有像父母期待的那样和其他孩子玩得很好，父母就多给孩子一些积极的反馈吧，如"今天也和小伙伴玩得很好吧""今天真开心呀"等让孩子觉得自己"做到了"的话语。

有了父母的"示范"和"反馈"，孩子应该就能一点一点地理解和小伙伴一起玩耍的乐趣了。

## 试试这样做吧！

孩子 4 岁以后开始和其他小伙伴一起玩耍，
5 ~ 6 岁以后能够进行角色分工来玩耍。

不仅仅口头上说，父母
更要加入孩子们并向孩
子们示范该如何玩耍。

# 15 很少说话而且很固执

当其他孩子都能很好地说话时，自己的孩子却沉默不语。

坚持只穿自己喜欢的裤子。

当孩子很少说话又很固执的时候，很多家长可能会想孩子是不是患了"自闭症"？近年来，出现了自闭症光谱（Autistic Spectrum）这一概念，关于自闭症光谱的诊断，对于专家来说也是相当难的。如果轻易地就认为孩子有问题而采取一些不适当的措施，也是极为不好的（因为这样可能会造成二次伤害）。

患有自闭症光谱的孩子具有在处理人际关系上有困难、交流上有障碍，并且对感兴趣的事情很偏执等特点。如果孩子正好符合这些特点，不妨找专家咨询一下吧。但如果孩子只是很少说话并非完全不说话，而且相较于上个月，这个月孩子说话的频率有所增加，父母便不用太担心。

自闭症光谱有一种症状为"沉默"，是因为孩子由于某种心理原因而说不出话。孩子的幼儿期，会出现前文所述的抽搐、口吃、吮吸手指、摆弄性器官等各种各样的行为，沉默也是其中之一。当孩子出现沉默不语的情况时，父母首先应检查孩子是否是发声器官出现了问题，如果有问题应及时治疗，如果不是则可能是心理问题。

值得注意的一点是，这一时期的孩子还很难自己把握"是在为这件事情烦恼"，但孩子一定能感受到某种原因所带来的压力。父母不妨从"孩子正承受着某种压力"的观点出发，调整一下对待孩子的方式吧。

但父母也切勿过分地自责。"我明明都这么努力了，为什么孩子还有压力呢"，如果父母这样想，就会陷入低沉失落、焦躁不安的情绪中。不要勉强去解决问题，试着开开心心地多和孩子待在一起吧。

陪孩子做孩子想做的事情，耐心倾听孩子想说的话，父母做到这些"回应性关联"，就能看到孩子的变化。

如果觉得孩子的情况已经很严重了，那就去咨询专业的心理医生吧。医生会介绍一些对策，如通过游戏消除孩子压力的"游戏疗法"、向父母示范该如何与孩子交流的"父母训练"等。

固执、不与人交流或许并不是因为成长障碍，而是在生活中感受到了巨大的压力。幼儿期正是孩子通过充分的游乐来排遣压力的时期。

父母请放宽心，让孩子悠然自得地玩耍吧！

## 试试这样做吧！

如果孩子的发声器官没有问题，那便耐心地倾听孩子说话，与孩子进行"回应性的关联"吧！

切勿因为孩子固执，就认定孩子为成长障碍。不妨通过不同的方式劝说孩子，如"这条裤子，我们今天把它洗干净吧"等。

# 16 不懂小伙伴的想法和心情

看见别的小朋友在哭，不能很好地理解状况。

明明不被小伙伴理解，甚至被讨厌，还不停地说着自己的话。

处于幼儿期的孩子基本上无法揣测他人的心情。因为他把心思都放在了自己的事情上，孩子不会去考虑其他小伙伴的心情，也不关心。

有一个心理测试，给孩子看喜、怒、哀、乐四种表情的照片，让孩子回答每张照片分别是什么心情，4岁以下的孩子多数都答错了，5岁以上的孩子才终于开始答对。另外，4岁以下的孩子认为"自己知道的对方也一定知道"，因此也还不能区分自己和他人心理的区别。"自己虽然知道，但那个小朋友应该不知道吧"？孩子通常在4岁以后才能够进行这种推测。

要能明白他人的内心，首先要孩子自己的内心丰富起来。前文也说到了，对于自己的感受和心情，孩子是通过周围大人所说的词汇来将情感和语言联系起来的。如果周围的大人不用语言跟孩子解释的话，孩子的脑海中是不会突然出现这些词语的。"开心""悲伤""难过""舒畅""兴奋""焦急"等，日常用语中有很多表达感情的词汇，孩子从父母或周围人的话语中去学习这些情感的语言表达方式。用丰富多样的词语跟孩子说话，孩子也能获得更多的、用于表达心情的词语。

如果父母或周围的大人整天只嚷嚷"不行""糟了""好累"等，孩子是无法在这样的环境下形成丰富的内心世界的。父母先让自己的生活、自己的词汇变得丰富起来吧。

同样，对于他人的心情，试着跟孩子说"某某同学也一定很难过吧"，这样孩子也会渐渐懂得别人也是有感情的。在看电视的时候，父母不是让孩子一直一个人看，而是要一边陪孩子看，一边和孩子讨论电视中人物角色的心情。

一起读绘本也是一个好方法。"这只小兔子为什么这样做呢"……试着和孩子一起阅读探讨吧。在这过程中不要只关注主人公，也要关注一些不重要的角色。比如主人公的爸爸妈妈、一旁的小金鱼、飘浮在天空中的云朵等，他们（它们）又在思考些什么呢？向孩子提出问题，亲子间进行各种各样的讨论，孩子的视野也会随之变得宽广。

**试试这样做吧！**

"那个孩子的爸爸妈妈不给她买冰激凌，所以她很难过吧？"
用语言将他人的心情告诉孩子。

一边给孩子读绘本，一边和孩子讨论绘本中描绘的感情，比如"他为什么要这么做呢"。

婴幼儿期
（0～3岁）

幼儿期
（3～6岁）

儿童期前半期
（6～10岁）

儿童期后半期
（10～13岁）

# 17 总是独自一个人玩耍

虽然想和小伙伴一起玩儿，却不好意思开口加入他们。

不理周围的小朋友，"若无其事"
地一个人玩耍。

前面已经说到了，孩子的游戏方式会随着他的成长而慢慢发生变化。1岁左右的时候，孩子还不会和其他小伙伴一起游戏，只是呆呆地看着别人玩，做着一些"仿佛在游戏"的事情；从2岁开始，孩子意识到"朋友"这一概念，但孩子会各自进行着"平行游戏"；等到4岁以后，孩子开始和小伙伴一起进行"联合游戏"；5岁以后开始可以通过角色的分工来做"协同游戏"。

以前，"独自游戏"被作为"平行游戏"前的一个阶段，如果孩子5～6岁以后还是喜欢一个人玩，那么孩子可能是成长缓慢了。但即使是大人，也有人总是一个人玩儿，这并不能表示这个人缺乏社会性。无论什么年纪，一个人玩儿这件事本身是没有大问题的。

但"总是一个人玩儿"中的"总是"，"总是"到什么程度是一个需要注意的问题。如果有时和其他小朋友一起玩儿，有时又爱自己一个人玩儿，那这种程度是没有问题的。但如果完全不和其他小朋友一起玩，一直是一个人玩儿的话，便不是一个好的状态了。

这种时候，父母往往会很担心，然后一味地跟孩子说："你去多和其他小朋友玩玩！"希望父母不要只是口头说，而是起到一个"搭建桥梁"的作用。

当孩子身边有其他小朋友时，父母不要只是说"你去和他玩儿吧"，而应该说"我们一起去和那个小朋友玩儿吧"， 陪着孩子一起去到其他小朋友身边。这样一来，即便孩子对其他小朋友不感兴趣，父母也只要试着和那个小朋友对话，问他"你从哪儿来的呀"即可。孩子看到父母在和他对话会感到安心，自然而然地也会和那个小朋友说起话来。

有些孩子可能从小就没有和父母一起做过游戏，所以不知道该如何与其他小朋友一起游戏交流。这种情况下，还是家人先陪孩子一起游戏吧。

是否有一个完备的游戏环境也十分重要。明明有兄弟姐妹，却只给孩子们准备了只能一个人玩的玩具，孩子们则无法共同玩耍。给孩子准备一些如球类、棋盘类等能够与其他人一起游戏的玩具，为孩子创造一个好的游戏环境，也是好的方法。

## 试试这样做吧！

"哎呀！在玩过家家吗"？父母像这样与其他小朋友聊天，孩子也会感到安心，自然而然地便会主动与他们一起玩耍。

父母、兄弟姐妹等家人和孩子一起玩耍，让孩子感受到与他人一起玩耍的乐趣。

# 18 明明在家里很爱说话，
# 在幼儿园却一言不发

在幼儿园、保育所等地方孩子通常一言不发。

在家里又能和家人正常说话。

前文也稍稍介绍到，这种现象可以认为是"分场合的沉默"。在家能够正常说话，说明孩子的咽喉等器官没有问题。另外，孩子在幼儿园不说话到什么程度？是"话少，不爱说话"还是"完全一句话都不说"？是因为和其他小朋友、老师关系不好，没有可以说话的人所以不说话，还是完全不说话，这需要区别开来。"分场合的沉默"是指在某种场合可能一句话都不说的状态。

如果是"分场合的沉默"，有可能是因此孩子压力大，精神处于极度紧张的状态。父母最不恰当的一种教育方式，就是命令孩子"你在幼儿园也给我多讲话"。因为孩子本人也不知道自己为什么会这样，即使"让孩子讲话"，孩子也没办法做到。

孩子在家里讲话但在幼儿园却沉默寡言，是因为在家能够放松下来而在幼儿园却很紧张，但因此就责怪幼儿园或老师也不是好办法。一定不要让老师觉得"这孩子是个不说话的怪孩子"，不要让老师因此就疏远孩子，这一点很重要。父母不应该将孩子在幼儿园不说话归罪于幼儿园和老师，而是应该向老师询问孩子在幼儿园的表现，跟老师分享孩子在家的情况，和老师一起齐心协力解决孩子的问题！

　　家长动不动就生气并和老师对立，把老师当成敌人是非常不利的。不要与孩子身边的大人互相争吵指责，而是要形成一种和气的氛围，才能让孩子感到安心。

　　父母或许正是因为担心孩子，才激动地恶语攻击老师。但其实，老师本是家长的同伴、战友。因为是老师与父母24小时轮换着照看孩子，因此家长不应以指责的口气，而应以商量的口气去和老师说话，请教老师的意见。如果，家长觉得负责自己孩子的老师比较难相处，那不妨试试和幼儿园主任、幼儿园园长等其他老师交流吧。

　　即使犯错了，也不要刨根问底地追究孩子。

　　父母总是想着立马解决问题，如果追问孩子"为什么"，孩子会觉得父母是在责备自己。不要着急解决，多用心地去和孩子进行"回应性交流"，和孩子度过悠闲快乐的时光吧！

试试这样做吧！

如果孩子出现"分场合沉默"的现象，和孩子的老师分享信息，一起对应吧！

不要急于解决，试着用心去和孩子进行"回应性交流"，和孩子度过悠闲快乐的时光。

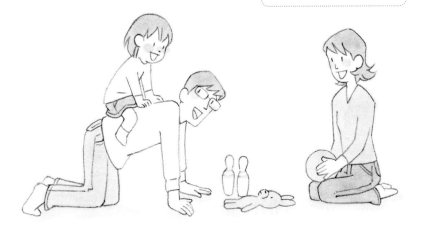

# 19 不听话

在餐厅跑来跑去，在公共场合吵吵闹闹，教训他也不听。

总是惹麻烦，骂了也不听，导致孩子出现这种情况的原因有很多。首先可能是为了"引起注意"，因为孩子喜欢父母多关注自己，而故意做出一些可能会被骂的行为。

　　孩子的本意是"希望父母多关心自己"，他们认为惹麻烦被父母骂等同于"父母关心自己"，从孩子的企图上来说他们成功了。因此，体验过一次成功后，他们便会反复这种行为。青春期的孩子能够"故意去做"，但幼儿期的孩子则是在潜意识的状态下去做的。

　　做出这种引人注目的行为，其原因是孩子"希望得到关注"的欲求强烈。因此，正确的做法是在孩子做出好的行为时给予关注，而在做出不好的行为时不要给予过度的反应。

　　当孩子能做到不大声喧哗，保持安静时，表扬孩子"真乖！宝宝在安静地等妈妈呢""真棒！宝贝知道在公共场合要保持安静呢"等。当孩子大声喧哗、惹麻烦时，父母只需要说一句"不能这样做"即可，不要反反复复不停唠叨。如此一来，孩子会意识到"正常情况下父母也会关注我"，就不会故意去惹麻烦了。

　　当孩子听话时，就暗自窃喜"太好了，可以去做自己的事了",然后对孩子置之不理;当孩子不听话时,就破口大骂"为什么要这么做"。作为父母的你,有这样做过吗?这就是孩子成功引起了你注意的表现。在孩子不惹麻烦、认真听话时,多去关注孩子、表扬孩子吧。

也许,父母批评的方法也存在问题。父母在批评孩子的时候,是否有看着孩子的脸,态度认真、语气严肃地去批评呢?孩子不仅仅从语言,也会从父母的表情、声音中去获取信息。如果只是嘴上说着,眼睛却看着手机或其他地方,语气也听不出来到底是在生气还是在笑,这样就会给孩子传达错误的信息,无法对孩子产生影响。

特别是在孩子做出容易让自己受伤,甚至威胁到自己生命的行为时,一定要看着孩子的脸,表情和声音都严肃认真地将批评传达给孩子。

## 试试这样做吧！

不应该在孩子"做得不好的时候"关注他，而应该在孩子"做得好的时候"多注意孩子。

不要一边看着自己的手机，一边轻描淡写地批评孩子"不要这样做了"。如果不用认真的态度和语气跟孩子说的话，孩子是不会理解的。

◀ 就诊室
▶ 挂号

婴幼儿期（0～3岁）

幼儿期（3～6岁）

儿童期前半期（6～10岁）

儿童期后半期至青春期（10～13岁）

113

# 20 闹别扭或情绪低落

玩游戏快要输时就闹起脾气来。

在赛跑中没能拿到第一名便情绪低落。

输掉比赛便闹别扭或情绪低落，是孩子儿童期成长的一种体现。在幼儿期，孩子还没有"因输掉比赛而不甘心"的概念。因此，就算在运动会上拿倒数第一名，孩子也不会因此而伤心。

但到了孩子6～7岁的时候，他们便开始将自己和他人进行比较。这在发展心理学中被称作"社会性比较"。"某某会这个"……孩子将自己和他人进行各种各样的比较，在经历了几次输赢以后，便开始体会到"输掉了就会不甘心"的心情。这种体验对于孩子心灵的成长十分有益，因此父母不要害怕孩子受挫，让孩子充分去体验成功与失败吧。

但如果孩子的情绪一直处于低落的状态且毫无好转迹象的话，父母就应该多加注意。虽说谁都有情绪低落的时候，但重要的是让自己掌握走出低落情绪的方法和能力。最近，这种能力被称作"适应力"或"恢复能力"，是一项生活必备能力。

因此，见到孩子因失败而萎靡，比起责骂孩子"不要再这么消沉了"，更应该教会孩子怎样做才能继续充满勇气地去再次挑战的"恢复能力"。

假如孩子在卡片游戏中输掉了，因为不甘心而发起脾气来。对此，父母教育孩子"不能输掉就发脾气"或"输掉就发脾气，那再也不和你玩儿了"都不是上上之策。

因为孩子做出这种行为并不是不可以。只是在这时，谁给孩子传递了怎样的信息极为重要。"你这样做真让人害羞哦""谁也不会一直赢呀，输也是常有的事情""游戏不只是为了输赢这个结果，游戏的过程很开心不是吗"……孩子会从大人们口中听到各种各样努力调节自己消极情绪的方法，还会在成长过程中看到比自己还小的其他小朋友因为输了就哭闹的样子，心想"输了就发脾气真是有些丢人呢，我以后还是不要这样了"，在生活经验的积累中自我恢复能力也得到了锻炼。

孩子总是在游戏中学到重要的东西而得以成长。孩子身边的大人们则应该充分地认识到日常生活中的游戏对孩子的成长有着极为重要的作用。孩子在与父母成为一个共同体的同时，父母也多为孩子创造机会，让孩子多和同龄人以及不同年龄的其他小朋友游戏吧！这样，才能逐渐培养起孩子生存所需的"综合能力"。

试试这样做吧！ ·············

在比赛中输掉后不甘心的心情很重要。孩子在游戏中学到各种宝贵的知识经验，并逐渐成长。

教会孩子获得走出沮丧的"恢复力"，如"比赛有赢就有输，这是很正常的""能坚持跑到终点已经很厉害了"等。

# 21 只在客厅学习

明明有书桌，却从不在自己的房间学习和写作业。

坐在自己房间的书桌前，便一直发呆，无法集中精力。

对于这一时期的孩子来说，独自一人集中精力埋头学习还为时尚早。小学低年级以前，如果条件允许，父母最好在客厅陪同孩子一起，问问孩子"今天的作业是什么"，陪孩子聊聊天"你看，现在明白了之前不懂的知识，真有意思"……让孩子感受到学习的乐趣。

比起责骂孩子"我特意给你准备了学习的房间，还买了书桌，为什么不去那儿学习"，不妨换一种积极的态度来和孩子交流，"客厅里有更大的桌子，很适合学习"，一边说着"那我也在这里看一会儿书吧"，一边坐到孩子旁边，来陪伴孩子度过一段愉快的学习时光吧。

在客厅学习和在自己的书房学习，究竟哪一种学习效率更高？在发展心理学上并未得到科学的论证。但能肯定的是，学习，不是单纯地长时间坐在书桌前死命记忆就可以了。孩子一旦注意到"只要肯花时间、下功夫，就能弄懂之前弄不懂的东西，之前不知道的事情也能渐渐知道"，便一定能体验到学习的快乐。

因此，能够在书房独自学习的孩子当然没有问题，对于想在客厅学习的孩子，就让孩子按照自己想要的方式去做吧。

有的父母可能会说："孩子在客厅学习的话，他的东西会搞得满屋子都是，很麻烦。"但在客厅学习只是暂时性的，父母可以准备一个能够完全收纳孩子作业和文具的收纳盒，将其作为"学习套装"，教会孩子学习结束后把东西收纳到自己房间，如此一来客厅不会乱，孩子还掌握了整理收纳的方法，可谓一石二鸟。

有些父母可能对室内环境十分讲究，想将客厅打造成一个没有生活感的时尚空间。但这只不过是大人的一种自我主义罢了。一点儿东西都不能多出来的空间，对孩子来说，不一定就是好的环境。

更何况，这一时期的孩子，还正处在尚未完全理解"学习"这一概念的状态。换句话说，这正是孩子认识到"学习"是一件"把不懂的东西弄懂"的有趣的事的最重要时期。

这一时期孩子的学习状态是否快乐，也关系到孩子之后的学习态度。

如果父母希望学习对于孩子来说是一件快乐的事，那不妨在此时，在孩子学习遇到疑问时说"那到底是怎么回事儿呢""原来是这样呀，真有趣"。请父母陪孩子在客厅一起学习吧！

婴幼儿期
（0～3岁）

幼儿期
（3～6岁）

儿童期前半期
（6～10岁）

## 试试这样做吧！

在客厅学习只是一段短暂的时间，问问孩子"今天的作业是什么呢"或"妈妈陪着你一起看书吧"，让其成为一段快乐的时光吧。

过分时尚或过分整洁的空间或许只是父母的一种个人主义。虽然房间变得乱糟糟的，但可以教孩子学会收拾归纳。

# 22 嚷着"不公平"，
## 兄弟姐妹间总吵架

"哥哥那块比我的大！不公平"，总是表现自己的愤恨不满。

"总是妹妹有礼物……"内心感到无法接受。

为了孩子心灵的健康成长，请务必让孩子去经历兄弟姐妹之间的争吵。因为"知道争夺与协调"可以说是有兄弟姐妹的一大好处，同时，还可以让孩子自己来判断某些事是"公平"还是"不公平"。

我在一项关于"公正感"的研究中发现，孩子在幼儿时期"自己想要得到最多"的想法非常强烈，到了小学阶段，开始慢慢主张"大家数量一样就好了"。之后，孩子开始慢慢能够思考，应该给努力和做出了贡献的人更多，或把东西给需要的人。

比如，在给小学三年级的弟弟和小学六年级的哥哥分食物时，究竟怎样分才公平呢？因为哥哥年纪大所以给哥哥多分一点？因为弟弟吃得多所以给弟弟多分一点？还是因为人都有同样的基本人权，所以一律平均分配？当父母也和孩子一起思考这些事情的时候，这件事或许会变得有趣起来。

正常情况下，一般是"两个人就对半分""三个人就三等分"，大人们更多地倾向于这种"均等分配"的方法。但如此一来，又会和"努力的人应该得到更多"的想法矛盾。在运动会上，让受过伤的人或身体有障碍的人跟正常人跑相同的距离，这是公平和平等吗？那么是否为他们缩短距离就好了呢？如此一来更好像是在差别对待他们……这个问题真的很难解决。比起找到正确答案，或许大家一起来思考，共同找出一个大家都可以接受的方式比较重要。

当你觉得"不公平"的时候，哪怕有时已和别人吵起来了，你也不妨去想一想"到底是什么不公平""怎样不公平"。

这里还有另一个很重要的观点，那就是你感觉"不公平"的原因，是与"父母给予的爱"有关。"爸爸妈妈总是更偏爱妹妹""总是哥哥的事情更重要"等，孩子总会希望得到父母更多的爱。这是无论孩子长到多大都会存在的问题，即使追究兄弟姐妹因继承遗产发生纷争的根源，多数情况下也是与"争夺父母的爱"有关。

为了最大限度地发挥有兄弟姐妹的好处，不要让孩子因为争抢父母的宠爱而互相仇视，而是要尽可能地让每一个孩子都切实地感受到父母的爱是公平的、平等的。父母要抱着这样的心态去和孩子交流。

婴幼儿期
（0～3岁）

幼儿期
（3～6岁）

3
儿童期前半期
（6～10岁）

## 试试这样做吧！

平等
？

公平
？

关于"公平"和"平等"，没有唯一的正确答案
告诉大人应该怎么做。更重要的是大家一起思考
出一个彼此都可以接受的想法并互相分享。

不是让孩子们去"争
抢父母的宠爱"，而
是有意识地去让孩子
切实地感受到父母的
爱是公平的、平等的。

# 23 对自己喜欢的小朋友温柔，
却欺负其他小朋友

为了保护自己喜欢的小朋友，不惜对其他小朋友很凶。

明明是小组学习，却只和与自己合得来的小朋友合作。

这一现象常见于孩子在小学低年级时。这一时期的孩子既开始学会关心体谅他人，也变得有攻击性、爱多管闲事。因为孩子太想保护自己喜欢的小朋友，而经常不惜对其他小朋友大喊"某某不是故意的"从而伤害了其他小朋友。

产生这种行为是因为此时孩子能考虑到的只有"自己"和"自己喜欢的人"。到了小学中年级以后，除了"自己喜欢的孩子"以外，孩子还慢慢能明白"他人喜欢的孩子"，因此有意识地"不仅凭个人喜好厌恶来做出判断"。但真要这样做到也很难，即使是大人，也通常会"对熟人亲切，对不认识的人冷漠"。这里非常重要的一点是，"喜好厌恶"和"亲切"是可以分开的。

因为是喜欢的孩子所以要对他很温柔，那么不认识的人就可以对他不温柔了，人们通常会这样去想。但在一定程度上，这样想也是很自然的一件事，如果放任自己的心情，大家都会有这样的想法。因此，孩子需要身边的大人去提醒他不能这样去想。比如说，在5人一组完成一项理科实验时，不能因为不喜欢就不和有些人合作，而是应该5个人各自承担起自己的职责，齐心协力来完成实验。

为了能让孩子这样去想，家长可以利用图书、影视等，让孩子理解这一观点。比如说，在影片里出现被人欺负、看起来很可怜的人物时，家长可以指着这个人物问问孩子："这个小朋友，你觉得他怎么样呀？"如此一来，孩子便会从中反思到日常生活中自己的所作所为。

明确地告诉孩子"不能够欺负他人，让人受伤"极为重要，但另一方面要注意的是，一定不要过分强调"要和所有人处好关系"。因为家长很容易要求孩子做到最理想的状态，孩子一边认为家长说的是正确的，一边又实在是有想要好好相处和并不想好好相处的人。对于较真的孩子来说，他们会责备自己"我是不是太坏了"。

"要和所有人处好关系"，不是说要喜欢每一个人，而是意识到要与他人互相尊敬，在必要时互相合作。获得这一技能，在社会工作上十分必要。能够与人合作，自然而然地就能与他人友好相处了。

婴幼儿期
（0～3岁）

幼儿期
（3～6岁）

儿童期前半期
（6～10岁）

儿童期后半期
（10～13岁）

试试这样做吧！ ·····················

在图册上指着可怜的人物，问问孩子："这个孩子，你觉得他怎么样？"

"喜好厌恶"和"亲切""合作"是彼此分开的。让孩子学会彼此互相尊重、必要时相互合作的重要性吧。

# 24 总是犯同样的错误

反复犯同样的错误，并且
意识不到是同样的错误。

开始意识到"哎
呀，又是和之前犯
的同样的错误"。

面对孩子出现的这一情况，我们可以去看看孩子的"元认知"是否形成。

前文已经提到，所谓"元认知"，就是自己对自己的一种认知，即如何去认识自己是怎么想的，怎么思考的。

如果孩子能够意识到自己"总是犯同样的错误"，那么他此时的元认知已经形成。此后，他也会开始去思考我为什么会犯同样的错误呢？

但是，如果孩子并没有意识到自己是在犯同样的错误，作为父母可在一旁提醒"这类问题，你总是容易弄错哦"，以此来促进孩子意识到自己是在反复犯同样的错误。

想让孩子掌握元认知，首先要让他们学会"自己观察自己（自我观察）"。所谓观察，即反思自己在什么时候会思考怎样的事情，有意识地去看待自己产生的各种情绪。孩子不会自己一个人突然就学会元认知，他们需要父母的提醒，通过与父母的对话，去探寻元认知的方法。

比如孩子考试总是出错，家长应深刻思考孩子在什么时候会犯怎样的错误。是读题读错了？还是在简答题时总是丢分？观察并分析之后，为了不让孩子两次犯同样的错误，家长要有意识地培养孩子的自控力。当发现孩子"读题读错"时，家长应教育孩子控制自己，"有意识地去注意仔细读题"。能够自我观察并自我控制后，孩子的元认知便形成了。

当孩子掌握了元认知的方法，其学习效率也会提高。因为孩子已经能够意识到自己是哪方面不懂，然后便能够以不懂的地方为中心加强学习了。

相反，当孩子没有形成元认知时，因为"不知道自己哪里不明白"，于是只能没有重点地一遍一遍学习全部内容。

孩子的元认知形成通常在 9 ～ 10 岁，在此之前，家长要有意识地和孩子交流对话，让孩子客观地去探寻自己的想法和心情，元认知便能自然而然地形成了。

## 试试这样做吧！

告诉孩子"两位数的减法总是算错哦""我们再来好好复习一下吧"等，让孩子意识到自己在反复犯同样的错误。

帮孩子分析"你这里是着急粗心啦"，然后给出建议"更仔细地读题就不会出错了"。培育孩子的元认知，帮助孩子能够自己意识到自己的问题出在哪儿，然后去解决问题。

# 25 不开口说话

即使叫他，
他也不答应。

一起吃饭等团圆的
场合也沉默不语。

当孩子接近青春期时，很多孩子不再跟家人分享自己的喜怒哀乐。这其中原因复杂：有的是不想让家人担心；有的是觉得说了反而麻烦；还有的是觉得自己还没整理好该如何跟人说，心里乱七八糟的，不想让父母看到这样狼狈的、正迷茫找不到解决办法的自己……孩子此时也处于千头万绪的状态之中。

作为父母或许会感到担心，但孩子拥有了这样复杂的心情，正是孩子长大了的表现。在幼儿期，孩子不会这样深刻地思考，即使是思考过的事情也很快会忘掉。让我们为孩子的成长感到高兴吧！

在高兴之余，也有要父母注意的事情，那就是不要急于立即解决问题。父母通常很容易快速理解孩子的状态并加以判断，时而帮孩子做出决定或责怪孩子以寻求解决问题的办法。但是，孩子"不说"正是孩子成长了的表现，在这样的经验中，孩子学会了如何去接受自己讨厌的事情，如何去克服它，以及如何去应对它。

而父母应该做的事情，首先是与孩子产生共鸣。"被人那样说一定很难过吧""一定很不甘心吧"等，去说一些附和孩子感情的话语。在此基础上，如果孩子有想要倾诉的想法，那么父母就好好去倾听。

父母要认真听孩子说话，即使明显是孩子有错，或是问题出在孩子身上，也不要感情用事。所谓大人，就是要冷静且客观地去接受事实，给孩子提出具体的建议，如"这样做如何呢"。

这里有两个需要父母注意的关键点。

首先是不要责怪孩子。孩子不再跟父母说自己的事情，其中一个原因就是"我跟父母说了可能会被骂"。

其次是不要过分地急于解决，不要让父母作为主导来解决事情。"跟妈妈说的话我肯定会被骂""跟爸爸说的话他肯定会立马给对方打电话"等，如果考虑到这些情况，孩子就更不愿意跟父母吐露自己的心声了。父母至少其中一方，努力去成为孩子愿意跟自己分享的人吧。

## 试试这样做吧！

不愿开口说话是孩子成长的证明。为自己孩子的成长而高兴吧。

一个人安静下来的时间也很必要呢。

不责备孩子，不急于解决，去说一些附和孩子心情的话，认真聆听孩子的倾诉。

婴幼儿期
（0～3岁）

幼儿期
（3～6岁）

儿童期前半期
（6～10岁）

儿童期后半期至青春期
（10～13岁）

# 26 没有干劲，变得懒散

没有像想象中那样继续成长，
仿佛失去了自信，也没了干劲。

失败

失败

失败

连续失败，失
去了斗志，终
日懒懒散散。

这一现象，在发展心理学观点中可以用"归因理论"来解释说明，请看下图。

| | 内在因素 | 外在因素 |
| --- | --- | --- |
| 稳定 | 能力高低 | 任务难度 |
| 不稳定 | 努力程度 | 运气好坏 |

人们在失败时，通常会习惯性反思失败的原因。主要分为两种人，一种是把失败的原因归结在自己身上，另一种是把失败原因归咎到自身以外的因素上。

把失败原因归结到自己身上的人，有的认为是自己能力不够，有的则认为是自己还不够努力。把原因归结到外部因素上的人，有人认为是自己运气不好，也有人认为是任务太难。"能力高低""任务难度"属于稳定因素，"努力程度""运气好坏"属于不稳定因素。

失去干劲儿的孩子更多的是因为他们追究了"内在的且稳定性的因素"，即认为"自己的能力"是导致失败的原因。因此，他们觉得自己能力很差，而且是没法儿改变的，从而慢慢陷入一种自暴自弃的状态——"反正我干了也是白干"。

父母面对这样失去干劲儿而变得懒散的孩子，通常会对孩子说："打起精神来，加油呀！"这里的"加油"意味着"因为你不够加油才导致失败的，你加油的话就会成功"。也就是说，父母是站在另一个角度，即导致失败的原因并不是能力高低，而是努力程度的角度去思考的。

这并不是说父母这句话不对，但只说"加油呀"是不够的，这里有一个很大的缺陷。在鼓励孩子"加油呀"时，让孩子得到"成功的体验"也十分必要。当孩子努力后还是失败了，这样反复失败的经历会对孩子产生消极作用，让孩子再次把原因归结到能力上来，然后变得更加没有干劲儿。这种现象叫作"习得性无助"。

为了让孩子体验成功，可以运用"最近发展区理论"，即根据孩子的实际能力，去设定适当的目标。比如，如果是在考试中能得 10 分的孩子，就先让孩子达到 15 分或 20 分的目标。一小步一小步地前进，孩子便能感受到达成目标的喜悦，也会慢慢喜欢上"加油"这件事情。

试试这样做吧！

不是只告诉孩子"要加油哦"，而是要告诉孩子"如果扎实练习射门技巧的话，下次才是决定胜负的时候呢"等，给孩子具体的建议。

再稍稍努力就能做到了，我们试试达到这个目标——将目标分成一小步一小步，孩子便能感受到达成目标的喜悦。

# 27 明明是该开心的时候却心神不宁

体育课虽好玩儿，但数学考试真让人讨厌呀……

期待已久的郊游终于要出发了，但好担心自己突然要上厕所……

到了儿童期中期，孩子们开始变得同时抱有积极和消极情绪，即开始意识到人的"交织复杂的情感"。孩子此时展望未来的能力进一步增强，能够想到接下来将要发生的事情，比如"上午虽然是开心的，但下午那件事真让人心烦啊"。

同时，随着孩子经验的不断积累，他们开始参照过去的经历去思考事物，比如"去年的某事虽然很开心，但某某却讨厌死了"等。不少孩子内心充斥着各种纷繁复杂的情感，令他们兴奋又不安，这也是孩子成长的一个重要表现。因为在幼儿期，他们通常只会想到开心的事情，而现在，他们开始思考各种各样的事情了。

对于孩子的负面情绪，父母能够包容多少，对孩子的成长产生着重要影响。当孩子哭闹、发脾气时，如果父母不能忍受，一味过激地怒骂："你再哭！不许哭了听到没有！"这样反倒只会让孩子不知道如何去面对和处理自己的情绪。

消极的情绪里，也有积极的意义。众所周知，人类在激烈的生存竞争中，之所以能存活下来，就是多亏了消极情绪。如果总是迷迷糊糊一脸傻笑，他便会因为无法察觉危机而被消灭。正是因为抱有"可能会有什么东西袭击我""那人可能会背叛我"等这样的风险意识，才能够做到有备无患、攻克难关。

当认识到了这一点，在孩子们情绪低落、不安时，我们带着幽默感去应对，往往有更好的效果。让我们来思考一下，针对孩子不同的状态，我们应该具体采取怎样的对策呢？

有的孩子只要内心有个寄托就能安心，对于这种孩子我们可以告诉他一个魔法咒语："在手心写一个'人'字就好啦"；有的孩子则需要一个科学的建议才能奏效；有的孩子只需要一些现实、合理的建议，如"上车之前一定先去上厕所，这样就能安心啦"等，说这样的话就能起到很好的效果。

每一个孩子都有着各自不同的性格特点，要用适合这个孩子的方法去应对（这又称作 Coping，意为应对处理）他们的情绪，之后父母再采取一种适当豁达的态度，告诉孩子"顺其自然，事情该怎么样就会怎么样的"，便能缓解孩子的不安。

"不用担心，顺其自然就好！"

面对孩子的消极情绪，希望父母能带着幽默和豁达去应对。

给孩子具体、现实的建议能让孩子安心，比如"上车之前一定先去一趟厕所""就算有些担心，提前跟老师说就没问题的""郊游一定会很有趣的"等。

# 28 一到上学的时候就肚子痛

上学一定身体不舒服。

即便到了上学的时间也赖在床上起不来。

即使孩子身上存在压力，孩子也很难自己意识到何为压力。此时，孩子客观认识自己的能力和表达能力尚未成熟，因此，会出现"虽然自己也不知道为什么，但就是很讨厌某些东西"的状况。这种情况会通过心身症表现出来。

所谓心身症，是指由于压力的积攒导致身体出现疾病的状态。为何会出现这种状况的原因虽尚不明朗，但通常情况下，精神状态会更容易对身体本身就较弱的部位产生影响。如肠胃本身不好的人更容易肚子痛，体温容易上升的人更容易发烧等。

父母不能因此喋喋不休地责备孩子"你怎么又肚子疼了"，同时也不能过分地关心、担心孩子，父母的大惊小怪会让孩子内心更加不安。

如果肠胃有病一定要治疗，以防万一要带孩子去看医生。如果并没有什么疾病的话，父母便放宽心就好了。由于心理暗示作用，给孩子喝一点养胃药说不定就能让孩子好起来。

如果父母过分担心，就会想要立马解决问题并去探寻原因，但很多情况下孩子自己也不知道原因。因此，当父母大惊小怪地想要"解决"的时候，孩子也会变得敏感。

但这并不是说要对孩子的事情完全不管不顾。在孩子处在泡澡或睡在床上这样一些比较稳定的状态时，不妨试着问问孩子："是不是在学校遇到什么讨厌的、麻烦的事情了？"然后顺其自然地告诉孩子："妈妈年纪大，经历的事情多，不管什么都可以跟妈妈说哦。"

当然也不要把"交流谈心"夸张化，只要营造出一种日常的、何时何地都可以谈心的氛围即可。我们一定要让孩子感受到：无论何时父母都站在自己这一边，什么话都可以跟父母讲，这种氛围对于孩子来说十分重要。

另外一点需要注意的是，孩子容易原封不动地听取父母的话并认为就是如此。如果父母说"难道不是因为那个孩子那样对你，你才这样的吗"，孩子听后便会不自觉地认为事情原因就是这样。为了防止这种情况产生，父母应尽量避免随意推测孩子的事情。

## 试试这样做吧！

不要着急，试着问问孩子"最近有什么烦恼的事情吗"，给孩子传达一种"有什么事情都可以找父母商量"的信号。

不要轻易推测孩子的事情，要努力营造出一种"爸妈一直都在你身边哦""遇到什么事情都可以跟我说哦"的氛围。

# 29 不想主动说话

无论父母说什么，孩子都是一副漠不关心的样子。

心事重重的样子，把自己封闭起来。

与前文一样，孩子出现这种情况有各种各样的理由，可以设想到的理由主要有以下几种。

·家庭的沟通模式是父母通常立马帮孩子做出决定。

·还没能明确自己到底是怎么想的，因此不知道如何说。

·虽然有心事，但不知道该如何表达出来。

·如果这样跟父母说，父母一定会这样说，那么便要考虑该如何跟父母说，父母才会理解自己。

·认为这种情况需要观察周围人的反应，因此在偷偷观察着父母。

如果只是责备孩子"你为什么不跟我们说呢"，只会让事态变得更糟糕。父母可以找一些电视动漫、明星等话题，与正题完全无关也没问题，找机会去和孩子交流吧。

所谓交流，并不只是"谈话"。和孩子出门找一个能够放松的地方散散步、玩一些小游戏，如果能彼此之间找回一些默契的感觉，这就是一场充分的交流了。如此一来，或许就能找到时机，若无其事地跟孩子谈起来。

这一时期的孩子会变得多愁善感，平时可以和孩子一起看看电影，然后分享彼此的感受。问问孩子"关于刚才那个情节你怎么看"，跟孩子分享"刚刚那个画面妈妈都吓了一跳"等，在不勉强的范围内去接近孩子，构筑起与孩子之间更容易交流的关系。在看电影的过程中，会出现很多想法，关于电影说一些彼此的感想，也是一次难得的机会——可以和孩子聊一些平时很难面对面去聊的、关于哲学和思考方式之类的话题。

还有一个需要父母放在心上的，那就是要向孩子传递"无论何时父母都会认真倾听"的信息。因为有很多孩子会想"妈妈看起来总是那么忙，实在是开不了口"。

父母要通过语言和态度让孩子知道，虽然爸爸妈妈看起来或许很忙，但你健康快乐地长大是对爸爸妈妈来说最重要的事情，所以不管什么时候，敞开心扉跟爸爸妈妈说就好了。

嬰幼儿期
(0~3岁)

幼儿期
(3~6岁)

儿童期前半期
(6~10岁)

儿童后半期至青春期
(10~15岁)

## 试试这样做吧！

不要责备孩子，和孩子一起一边看电视，一边轻松地交流。

周末时一起去散步、玩耍，建立起"默契感"，这就是很棒的交流。

# 30 尽管有朋友，却为朋友的事烦恼

即使有朋友邀请，却高兴不起来，"其实是想和另一个好朋友在一起的……"

用儿童手机和朋友发文字消息时，因为误解而产生矛盾。

无论什么年纪，人际关系总是生活中一个很大的烦恼。但这种烦恼通常不会发生在不认识的人之间，而大多是因为与关系亲密的朋友发生问题，才产生烦恼。可以说，正是因为有朋友，才会有这种烦恼。

特别是在这一时期，比起学业和未来发展所带来的烦恼，人际关系的烦恼要大得多。在早期的发展心理学里，小学高年级的孩子会通过与大家保持行动一致而获得集体感，构筑起"帮派小组"的关系。到了中学以后，有着共同兴趣爱好的小伙伴们组成"好友小组"。但近年来，据说由于孩子和同龄人一起玩耍、共同行动的机会减少，"帮派小组"逐渐消失，从小学高年级开始，有着共同兴趣和话题的两三个孩子就会组建起一个"好友小组"。

在这一时期的校园班级里，有着大人们也很难看到的结构和人际关系。有一个词可以形容这一时期的困境，那就是"豪猪的困境"。这一时期的孩子，一旦把对方当成好朋友，就想要和对方变得非常亲密，但也因此束缚了彼此，容易产生纠葛。

因此孩子想要变成某人最亲密的朋友，他就会想超越任何其他人，这样反而会互相束缚。一旦对方和别的小朋友接近，他便会指责对方"你背叛我"，然后觉得自己被抛弃了而受到伤害。这基本上是每个人都会有的一种心理。

特别是女孩子之间，她们会经常和好朋友分享开心的、难过的事情，"共同反刍"的特征明显。正因为总是彼此分享着烦恼、不安或不满等，她们的关系才会变得格外亲密。

随着社交平台的发展，出现越来越多由于网络交流导致的朋友间关系的烦恼。面对面交流时，因为有着说话方式、语气、表情等非语言表现，人们可以综合地去获取信息，比如，虽然说着讨厌你，但这并不是本意等。但是在社交平台上交流时，因为只能透过文字获取一定的信息，所以会频繁发生交流的误解。

同时，群聊的问题也越来越明显。关于手机给孩子带来的影响，会在后文进行详细的说明，这里就不赘述了。

试试这样做吧! . . . . . . . . . . . . . . . . . . . . . . . . . . . . . . . . . . . . .

"好友小组"也是孩子成长的表现。正因为关系亲密,才有烦恼。

只用文字交流容易产生误解。综合地去获取对方想要传递的信息在交流中十分重要。

# 31 总是心态消极

即使被朋友邀请去踢足球，也会拒绝对方的邀请，"我就不去了吧……"

没有自信，无法变得积极起来。

孩子之所以害怕失败，是因为过分在意他人的评价。陷入这种状态是因为自己不够肯定自己，没有自信，从而把别人的评价放在一个很重要的位置。

对于这一时期的孩子而言，自信的来源主要是学习好、擅长运动、在朋友中间很受欢迎这三大要素。当这三点哪一点都不满足时，孩子就会渐渐失去自信，变得不再肯定自己。

虽然我们把自信的来源分为三类，但即使是运动也包含足球、棒球，还有马拉松等。或许孩子棒球不行，但喜欢踢足球，或者球类运动都不擅长，但长跑很厉害。即便是在棒球中，虽然不擅长进攻，但很善于防守，即便达不到全垒打，但安打还是没有问题的，这些情况都有可能出现。因此，如果我们像这样把三个要素更细分的话，应该没有人是"全盘不行"的。换句话说，只要我们将要素细分化扩展开来，应该能够找到让自己感到自信的事情。

比如，对于能够认读很多汉字但不擅长书写的孩子，家长在"书写汉字"这一细分化的要素上数落孩子"你语文真是完全不行""你真的是不会学习啊"等。作为父母的你，是否有从"语文""学习"这样大的要素上去否定孩子呢？

另外还有一点，除了让孩子肯定自己之外，还需要父母理解一件事情，那就是父母是否经常在要求孩子做到"Very Good（非常好）"呢？有一位在自尊心相关研究中颇负盛名的心理学家指出，自我肯定不是来自"Very Good（非常好）"，而是"Good Enough（足够好了）"。让孩子感觉"差不多能做到这个程度就可以了"，比让孩子追求"做得非常好"更为重要。

这一点父母也可以对自己说。你是否也曾觉得自己不是一个完美的母亲、完美的妻子，而认为自己"完全不行"呢？自我肯定不足的父母，孩子也更容易出现自我肯定不足的倾向。我们应该怀着"Good Enough（足够好了）"精神，当自己达到一定程度的时候就肯定自己吧。

当一个人逐渐肯定自我后，便不再介意他人的目光，会开始"和一年前的自己相比较"，能够去关注自己内在的变化。这样一来，就会慢慢变得有动力、有自信。

试试这样做吧！

足够好了

虽然不擅长前锋但擅长守门，将条件细分化便一定能找到让自己变得自信的事情。

足够好了

自我肯定不是做到"Very Good（非常好）"，重要的是"Good Enough（足够好了）"，这会为你带来自信和动力。

161

# 32 脸上长了痘痘，心情郁闷

总是很介意脸上冒出来的痘痘。

感受到与理想的差距，觉得"这个世界只有自己在痛苦"。

虽然父母可能会说"哎呀，没有谁会看你的脸的"，但这一时期的孩子，只要脸上长一颗痘痘，也会感觉"身边路过的人都盯着自己的这颗痘痘看"。

这种感觉叫作"想象中的观众"。这一时期的孩子，十分在意自己的身体形象以及他人是怎么看待自己的。这一阶段的孩子开始对异性产生兴趣，即使对普通朋友，也会通过外表做出"是否漂亮、帅气"的判断，然后集结成小组，正因为有这样残酷的现实，孩子才被迫变得更加自我意识过剩。

这也是孩子容易产生"个人寓言"的一个时期。比如，当孩子觉得痛苦时，他会感觉"只有自己承受着这样的痛苦"，认为自己是世界的中心。这一时期的孩子经常会认为"自己是很特别又孤单的存在"。身边的大人面对孩子这种青春期特有的行为，不要觉得孩子"傻"，而是要尽量地去给予理解，这一点十分重要。

具体的对应方法，并非只有唯一的答案。即便安慰孩子"就算长痘痘了，你还是很可爱哦"孩子也不会领情，认为"讨厌的痘痘就是很讨厌"，只要不是过分神经质，父母不妨帮助孩子一起解决痘痘问题吧。

但在这一时期，比起询问父母，孩子或许更倾向于找朋友倾诉或自己上网查找相关信息。这种情况下，父母可以告诉孩子一些网上搜索信息的方法等。网络上有些信息来源很奇怪，有些网页甚至最终会诱导用户购买高额产品，此时给孩子一些具体、现实的提醒尤为重要，如"我们用这个网站会更好哦""这个有些可疑了"等。

像痘痘这样周围的人能看到的东西父母也很容易注意到，但外表无法看出来的关于身体的烦恼，也是接下来青春期、青年期常有的事情。

关于这些烦恼，并没有可以解决的标准答案。通过电影、小说等获取间接的启发是一个有效的方法。当看到主人公烦恼到快要不行，然后又通过什么方式努力克服困难的样子，或许总能得到一些感悟。

解决问题的方法和哲学，总是一点一点靠孩子自己去获得的。父母在孩子身边守护着，默默地给孩子一些启发就好。

试试这样做吧！

在不过分神经质的前提下，帮助孩子一起寻找解决问题的对策。教孩子一些查找信息、读取分辨信息的方法。

解决问题的方法和人生哲学是靠孩子自己一点一点去获得的。一边守护孩子，一边给孩子一些启发。

# 33 不将感情表露出来

即使跟孩子说"来，看看这个"，孩子也不知道盯着哪儿看，而且一脸郁闷的样子。

即使在被爸爸批评时，也一副事不关己的表情。

前文也提到了，这一时期的孩子比儿童期前半期更觉得和父母聊天很麻烦，要聊天也是迫于无奈。

出现这一情况的原因，可能是孩子人际关系中的优先顺序发生了变化，第一位从父母变为了朋友，这是孩子健康成长的表现。或许父母会因此感到失落，但这并不意味着孩子抛弃了父母，在孩子心底的某处还是认为父母是最重要的。

父母已经无法代替朋友的位置，要想着我的孩子已经遇到了除了父母以外能够信赖的友人（Significant Others，在自己人格形成中有着重要意义的人物），父母要为孩子的成长感到高兴，更为自己一直以来育儿的成功而鼓掌。

但是，这里也有令人担心的事情。

首先是孩子认为"不可以表达自己的不满"这种情况。有一些很认真的孩子，他们认为即使是勉强自己，也要在大家面前装出一副开心的样子。这样下去会让孩子形成奇怪的处世方式。如前文说到的，让我们在日常生活中去告诉孩子"情绪消极并不是一件坏的事情"。

其次是家人的争吵总会陷入同一种模式。比如，兄弟之间因为某事争吵起来，这时父亲过来只是大吼一句

"别吵了",然后家人之间的争吵变得更加激烈……当家人意识到时,家庭内的争吵已经总是这种模式了。

长此以往,可能会让孩子觉得反正总是这样,在这个家里说什么、做什么都没用的,如此一来,有些孩子甚至可能萌生"我要从这个家庭脱离出去"的极端想法。

一旦有谁意识到"我们家或许就是这种情况",那么只能靠意识到的这个人去改变这种家庭模式。无论是妈妈还是爸爸,从意识到的人开始改变,尝试"今天就不去强行压制孩子们的争吵了吧"。

但同时,孩子不管长到多大,凡事都要获得父母的许诺,反倒是不健全的表现。

孩子渐渐不再表露自己的感情、不再想多说话,正是孩子迈向自立的第一步。父母就安静地在一旁守护着孩子一步一步成长吧。

## 试试这样做吧！

远离父母是孩子走向自立的第一步。为了孩子的成长而喜悦，也对自己的育儿成果感到自信吧！

试试改变这种模式吧。

当家庭内部的争吵和斥责变成某种固定模式时，先意识到的人需要努力试着去改变。

婴幼儿期（0～3岁）

幼儿期（3～6岁）

儿童期前半期（6～10岁）

儿童期后半期至青春期（10～13岁）

# 34 沉迷手机和游戏机

原本是为了紧急联络和让孩子保护自己而给孩子的手机,孩子却沉迷其中,连父母的话都听不进。

把学习丢在一边,兴致勃勃地玩游戏机玩到半夜。

智能手机在当今中小学生中的存在感，已经远远超出了我们的想象。这一时期的孩子认为"朋友就是全部"，必须要掌握朋友的全部信息，总是担心刚刚因为没能加入朋友们的谈话而被"排挤"，较真的孩子会有强迫性的倾向，比如必须要由自己来结束与朋友的谈话。

解决这一问题，父母必须寻求与学校的合作，就自己关于这个问题的态度和孩子沟通交流，并制订规则。此时，不只是口头跟孩子说明规则，而是要给孩子展示一些反面例子。"某某因为总是看动画看到半夜，睡眠不足结果身体不舒服了""早睡的朋友，和总是晚睡的朋友也会争执起来"等，让孩子客观地去看待这些问题，自然而然地就会觉得"我这样做确实太笨了""凡事还是有个度比较好"等。

这一时期的孩子，容易认为"规则就是大人强压给自己麻烦的条条框框"。但是，大人并不是出于恶意才强加给孩子规则，反而是为了不让孩子陷入不幸、为了保护孩子才制订的。如果不能让孩子理解这一点，无论制订多少规则，孩子总会想着"大人说的都是些麻烦事儿"，然后钻空子，结果导致规则无法真正保护孩子。

世界上刚刚出现电视机的时候，也出现了"孩子们坐在电视机前不肯离开"的社会问题。紧接着就是游戏机，现今是智能手机。就像这样，无论哪个时代，总有孩子"欲罢不能"的东西。

原本，"某种东西存在于这个世上"这件事本身不是"坏的"。它是一个教材，教会人们在与物品共存时，如何控制并使用它们。虽然这件事情很困难，但父母必须培养孩子学会自律和自我管理。这一过程中，父母或许会生很多气，但还是多帮孩子出出点子，教会孩子自律的方法吧。

如果孩子能放下电子产品，在手机以外找到自己的爱好，通过自己想做的事情获得成就感那就最好不过了。

这样的孩子，即使稍稍沉迷手机，也能自发地想到"差不多到这儿就不玩了吧"。而没有这种体验的孩子更容易沉迷手机。

为了预防孩子依赖电子产品，在日常生活中，让孩子多一些除电子产品以外的体验也尤为重要。

试试这样做吧！

规则

反面例子

在制订电子产品使用规则的同时，给孩子展示一些反面例子和可能会产生的问题，让孩子理解规则的必要性。

有必要让孩子掌握好分寸，处理好使用电子产品的时间和找到除此以外的成就感的平衡。

婴幼儿期（0~3岁）

幼儿期（3~6岁）

儿童期前半期（6~10岁）

儿童期后半期至青春期（10~13岁）

# 35 越来越不顾自己的形象

变得邋邋遢遢，经常发呆走神。

生活节奏变得混乱，
没有精气神。

孩子不再介意自己的外在形象，可以认为是孩子身心感到疲惫的一种表现。不只是自己的形象，早上起不来床、毫无时间观念、完全不收拾房间等，这些原本都已养成习惯、会做的事情又变得不会做了，这背后一定有其原因。

早上在定好的时间起床，好好刷牙，思考今天该穿什么，这些事在孩子有精力的时候都是轻而易举的，但在孩子没有精力时却是相当有难度的事情。

父母如果读到了孩子"没有精神"的信号，不妨轻声问问孩子："你看起来好像没有精神的样子，发生什么事情了吗？"出现这种状况跟孩子生活混乱的程度有关，但只要不是极端的混乱，稍微问一问，表示一下担心，接下去也不会有什么问题。

作为一种预防，将日常生活在一定程度上"常规化"十分重要。在日常生活中，即使大家早上出门的时间各不相同，但尽量让大家起床的时间集中起来，一起吃早饭，保持一个"理所当然的节奏"，能够有效地预防孩子生活的混乱。但这个只靠孩子是无法完成的。父母因各自工作形式不同，或许会有着各种各样的生活模式，但至少起床后好好刷牙，大家一起吃早饭……维持这样一个基本生活习惯吧。

之所以要注意孩子的着装和生活节奏是否混乱，是因为这种混乱很容易让孩子走向歧路。喜欢干净整洁且生活节奏良好的人，很少会做出不良行为。因此，父母一定要注意去观察，此时的孩子是否萌生了一些不良行为的种子。

说点题外话，这一时期的女孩子，刚刚开始穿戴胸罩，有一家内衣公司曾做过这样一个调查，女孩最早的胸罩是母女一起去买的，还是母亲或女儿一人买回来的。结果显示在这三种模式中，"母女一起去买的"这个群体最能保持长期的、良好的母女关系。

其实，关于女孩的第一件胸罩，很多时候母亲认为"孩子会自己说她想要的吧"，而女儿也认为"妈妈会主动跟我说的吧"。为了长期良好的母女关系，好好利用买"第一件胸罩"这个机会吧。

## 试试这样做吧！

当看到孩子心理、身体都很疲惫的时候，轻轻问一句"你看起来很没有精神的样子，怎么了"，然后去好好守护孩子吧。

家人在同一时间聚集起来吃早饭，保持生活"理所当然的节奏"很有必要。

# 36 变得不怎么吃饭

或许是因为在意自己的身材，开始完全不吃饭。

但正餐以外，零食却吃得停不下来。

"摄食"是我们生活中重要的一环。比起上一节我们提到的着装和生活节奏的混乱，关于摄食背后的问题，更加深刻和复杂。因为这其中还有"摄食障碍"的可能性。

首先，检查一下孩子是否肠胃等出现了毛病。如果身体上没有什么特别的问题，那可能就是孩子有心理上的问题。此时，如果一本正经地跟孩子说"不好好吃饭会把身体弄坏哦"等，"想让孩子吃饭"的心情过于强烈、固执地叫孩子吃饭，反倒只会起到不好的效果。不妨温柔地问问孩子"是不是最近有什么烦心的事儿呀"，如果孩子愿意诉说的话，就耐心地倾听吧。

导致摄食障碍的原因有很多：被朋友质疑身材变胖、不想长成大人等都可能成为诱因，也有说法称与母亲的关系不好也可能导致摄食障碍。

一旦将绝食进行到底，真的"瘦了下来"，就会获得"我能控制我自己"的快感。即使已经达成了目标，也会因为能够自我控制的状态所带来的快感而继续减肥到极端的过分瘦。此时，孩子的认知便会发生扭曲。明明周围人已经觉得"瘦得过分了，一点都不好看"，但本人还是会觉得"自己很漂亮"，事态发展到这种地步时就很严峻了。

判断是否有摄食障碍，有一张确认清单可供参考。其中包含了"不吃饭""经常说自己手脚太粗了，很烦""一天要量很多次体重，明明体重在减轻，却还是说自己在发胖""拒绝和他人一起用餐"等。相反，"一旦开始吃就停不下来""大量囤积食物""短时间内家里的食物一扫而光"等，就是孩子暴饮暴食的信号。

如果孩子出现体重骤然减轻、不听父母的话等情况，毫不犹豫地带孩子去专科医院看看吧。如果父母认为问题还没有严重到需要看医生的程度，那么给孩子讲讲自己的亲身经验也是有效方法之一。"妈妈以前也特别想瘦下来，就每天只吃苹果减肥，结果被外婆大骂了一顿呢"，妈妈的亲身经历，有时很能打动孩子的内心。

父母要根据孩子的性格或当下的状态去靠近孩子，帮助孩子应对问题。

试试这样做吧!

妈妈以前也不吃饭,结果被外婆大骂了一顿。

温柔地去问问孩子"最近是不是有什么烦心的事儿呀",给孩子分享自己的亲身经历也很有效果。

怀疑孩子出现摄食障碍时,毫不犹豫地带孩子去专业机构就医。

# 37 总说"我被讨厌了"

"我又惹某某生气了",十分沮丧。

因为总被朋友们嘲弄,想着"反正我这样的人也没人喜欢"而变得自暴自弃。

如果孩子主动说"我被讨厌了",首先问问孩子怎么了,其关键是究竟发生了什么,让他觉得自己被讨厌了呢?

因为孩子视野狭窄,经验尚浅,他之所以觉得"自己被讨厌了",也许是对经历的事情产生了误解。孩子认为"自己被讨厌",在大人看来其实"也许对方的说话方式就是这样呢",又或许是孩子将自己的心情和对方的心情混同起来了。

关于对同一事物的解释不同,有一个"社会性信息处理"理论。打个比方,当你走在街上与人相撞时,有人道歉说"不好意思",也有人会生气地大骂"你怎么走路的"。同样是"与人相撞"这件事,人们对它的解释却是不同的。性格上带攻击性的人总是容易去想"对方是故意的",相反,性格消极的人总是会自责"是因为自己发呆没好好看路"。像这样,双方对这件事情都只有一种解释时,思考就会僵化。父母可以告诉孩子,对同一件事情的解释是可以有很多面的。

如果一味地告诉孩子"你的这种想法错了哦",会让孩子变得不想跟父母交流。"你这样想也是有道理的""但是呢,或许对方正好因为早上被妈妈批评了,心情不好才对你生气的呢",可以像这样给孩子提出建议,让孩子知道事情的缘由是有多种可能性的。

解决问题的方法也应当富于变化。如果并没有弄清对方这种言行的原因,不妨让孩子问问对方:"我惹你生气了,是不是我说了什么让你不开心的话?"有时候也能意外地解决问题。

像前文提到的,父母可以告诉孩子一些自己的亲身经验,比如"妈妈在念小学的时候,也被朋友讨厌过呢"等。这或许会成为一个契机,让孩子觉得即使是被朋友讨厌过,妈妈也一样快乐平安地长成大人了,那我也一定没问题的。

特别是进入青春期后,孩子面临的问题不再那么容易解决了。如果父母只是说些漂亮话,想着讲一些正确的大道理去解决问题,只会更引起孩子的反感,这并不是一个好的办法。父母作为有温度的人,不应该去讲一些漂亮话、大道理,而应该让孩子看到愿意理解自己的父母。

鼓起勇气问问对方
"我哪里惹你生气
了吗",有时可以
意外地解决问题。

表达自己对孩子的理解和共
鸣:"这种时候,一定会很失
落吧。"同时,可以给孩子一
些建议,告诉孩子对事物的理
解可以有很多种:"或许是你
误会了呢?"

# 38 绝不穿父母特意买的衣服

明明是当时很想要的衣服，穿了一次就不穿了。

想穿和其他孩子一样的流行款式衣服。

前文也提到了，这一时期的孩子认为，对自己有重大意义的人已从父母转变为了朋友。对于这一时期的孩子来说，"被朋友们接受"是一件非常重要的事情。特别是在时尚和流行方面，他们会觉得被父母认可并没有什么价值，只有被朋友认可才有意义。

不穿父母买的衣服，可能有各种各样的理由，但很多时候是因为"被朋友说穿得土"。即使没有被朋友明说，但明明是自己很中意的衣服，穿出去却没能得到朋友的"好评"。特别是穿新衣服的日子，孩子内心是期待周围人的反应的，但谁也没称赞自己的新衣服，心里难免会受到打击。

那么，作为父母该如何应对这个问题呢？可以告诉孩子"不穿也没关系呢"，也可以说"这是爸爸妈妈特意为你买的衣服，那下次和爸爸妈妈在一起的时候穿吧"，把父母对孩子的感情传达给孩子，还可以告诉孩子"既然这样，那下次买衣服的时候一起挑吧"。因为在"买东西"这件事情上，家人都有着各自的价值观，不能一概而论地决定该怎么做。如果不是某些极端的情况，就按照家人各自的价值观去处理吧。

孩子在幼儿时期所接受到的影响全部来自于父母，

但随着他慢慢长大，开始受到更多他人的影响，这是孩子健全成长的一个表现。尽管如此，父母心底或许还是会觉得失落。因此，父母即使知道这种变化是孩子健全成长的表现，也很难从心底接受。

这个时候，可以告诉孩子："爸爸妈妈买这件衣服花了很多钱，挣这些钱需要辛苦工作很久，你也要好好想想呀。"想要教会孩子的事情没有必要顾虑太多，只要不是生气和责骂，好好解释就可以了。

在这里，我并不建议父母劈头盖脸地责骂孩子"你怎么能这样"，并强迫已有自我意识的孩子穿父母买的衣服。而是应该好好思考如何跟孩子解释，孩子才能够理解父母的心情——这一点尤为重要。

为了能够好好解释说明，父母必须冷静下来。不要感情用事，告诉孩子"爸爸妈妈理解你的心情，但希望你也能考虑考虑这样的事情"，将父母的心情也传达给孩子。

婴幼儿期
（0～3岁）

幼儿期
（3～6岁）

儿童期前半期
（6～10岁）

儿童期后半期至青春期
（10～13岁）

试试这样做吧！

不是责备、批评孩子，而是将父母的心情"解释"给孩子听。"和爸爸妈妈在一起的时候穿吧""不要忘了这也是爸爸妈妈花钱买来的呀"。

这是妈妈特意给你买的，下次和妈妈约会的时候穿吧！

孩子在这个年纪，关于时尚和流行，想要得到的并不是父母的认可，而是朋友的认可。用孩子的价值观去对待这件事情吧。

后记

我于 1996 年出版了《通过孩子的行为了解孩子的内心》（PHP 研究所）一书。这不是一本学术性的专业图书，而是一般读者都能阅读的大众读物，那是我第一次写这类书。而且，那时的我正埋头抚育着 4 岁的儿子。我看了看那本书的后记，上面写着：我也感受到了"理论和实践终究是不一样的"。

但同时我也写到了，能够提前知道一些关于孩子成长的知识，真是帮了我很多大忙。多亏了这些知识，我克服了孩子从出生到 4 岁这段时间出现的许多困难，我开始能够理解我们肉眼所看不到的孩子心灵的成长，我也切实感受到了我很享受育儿这件事情。

无论是回顾自己的育儿经验，还是在工作上帮助其他孩子成长，我之所以能够感动于育儿的奥妙、感动于孩子的成长、感受到与孩子共同经营生活的乐趣，正是因为我对孩子的心灵充满好奇，并了解了孩子不同成长时期的特点。

父母的目光总是容易被孩子的身高、体重、牙齿、跑步的速度、学会写字的时间、记得的数字，以及成绩等这些肉眼可见的变化夺走。然后，总是容易将自己的孩子和"别人家"的孩子进行比较。

但是，育儿并不是一场竞争。既然不是自己孩子与别人家孩子的竞争，孩子的成绩和成长的状态也不会决定父母的优劣。

是否具备感受快乐和悲伤的能力、是否能够理解其他人的心情、做了坏事是否会内疚自责、学习未知的东西是否会感到开心等，这些心理的成长才更加重要。

我们常常容易忽视孩子的"内心"，试着了解这些"行为表现"，去尽可能地接近孩子的内心吧。

这本书的内容，如果能为正在阅读这本书的你提供一些帮助，我将不胜荣幸。

渡边弥生